普通高等教育"十三五"规划教材·计算机系列

Access 数据库程序设计实验教程

宋绍成　张滴石　主　编

刘　颖　柳崧轶

王静茹　王姗姗　副主编

科学出版社

北京

内 容 简 介

本书是与《Access 数据库程序设计》（宋绍成，王姗姗主编，科学出版社）配套的实验教材，书中除上机实验外还安排了 3 个应用实例，旨在激发学生的学习兴趣，培养学生分析问题、解决问题的能力。

全书分两部分。第一部分为上机实验，是围绕"教务管理系统"的开发过程而设置的，通过实验，学生可以掌握开发数据库应用系统的方法和过程。第二部分为应用实例，精选了家庭图书管理系统、诊所患者信息管理系统和小学数学简单考试系统 3 个 Access 数据库的实用案例，巩固了学生所学知识，使学生能更熟练地运用 Access 数据库。

本书突出 Access 的实际应用和操作，除了可作为上机实验指导书外，还可作为数据库技术培训教材及自学用书。

图书在版编目（CIP）数据

Access 数据库程序设计实验教程/宋绍成，张滴石主编. —北京：科学出版社，2017.12

普通高等教育"十三五"规划教材·计算机系列

ISBN 978-7-03-055742-1

Ⅰ. ①A… Ⅱ. ①宋… ②张… Ⅲ. ①关系数据库系统－程序设计－高等学校－教材 Ⅳ. ①TP311.138

中国版本图书馆 CIP 数据核字（2017）第 294088 号

责任编辑：戴 薇 王 惠 / 责任校对：陶丽荣
责任印制：吕春珉 / 封面设计：东方人华平面设计部

科 学 出 版 社 出版

北京东黄城根北街 16 号
邮政编码：100717
http://www.sciencep.com

三河市书文印刷有限公司 印刷

科学出版社发行 各地新华书店经销

*

2017 年 12 月第 一 版 开本：787×1092 1/16
2017 年 12 月第一次印刷 印张：9 1/2
字数：217 000

定价：24.00 元

（如有印装质量问题，我社负责调换〈书文〉）

销售部电话 010-62136230 编辑部电话 010-62135397-2052

版权所有，侵权必究

举报电话：010-64030229；010-64034315；13501151303

前　言

Access 是 Microsoft 公司推出的基于 Windows 的桌面关系数据库管理系统（relational database management system，RDBMS），是 Office 系列应用软件之一。它结合了 Microsoft Jet Database Engine 和图形用户界面两项特点，能够存取 Access/Jet、Microsoft SQL Server、Oracle 或任何开放数据库连接（open database connectivity，ODBC）兼容数据库内的资料。

它提供了表、查询、窗体、报表、宏、模块 6 种用来建立数据库系统的对象；提供了多种向导、生成器、模板，使数据存储、数据查询、界面设计、报表生成等操作规范化；为建立功能完善的数据库管理系统提供了方便，也使普通用户不必编写代码，就可以完成大部分数据管理任务。

Access 于 2000 年成为全国计算机等级考试二级中的一种数据库语言，并凭借易学、易用的特点逐步取代传统的 Visual FoxPro 成为二级考试中最受欢迎的数据库语言。

本书与《Access 数据库程序设计》（宋绍成，王姗姗主编，科学出版社）相配套，在章节安排上基本与主教材相对应。

本书主要采用基于建构主义学习理论的任务驱动教学法，将以往以传授知识为主的传统教学理念转变为以解决问题为主的多维互动式教学理念，将再现式学习转变为探究式学习，使每一位学生都处于积极的学习状态，并根据自己对当前问题的理解，运用共有的知识和自己特有的经验提出方案、解决问题，学生带着真实的任务在探索中学习。在学习的过程中，学生不断地获得成就感，激发他们的求知欲望，逐步形成良性循环，培养学生独立探索、开拓进取的自学能力，进而培养学生的计算机素养和计算思维。

编写本书旨在帮助学生深入理解主教材的内容，巩固基本概念，培养动手操作能力，让学生了解 Access 的操作及运行环境，从而切实掌握 Access 软件。

本书第一部分为上机实验，包括 8 个实验，每个实验由以下 5 部分组成。

1）实验目的：提出通过实验需要掌握的知识和操作。

2）实验内容：根据对应章节的知识点，给出实验内容，通过实验内容巩固从主教材上学到的知识。

3）实验步骤：详细讲解实验内容，给出具体的操作步骤和图示，具有很强的操作性。

4）思考与操作：配合实验内容，让学生在课后独立完成，使学生能够熟练掌握从教材上学到的知识。

5）习题：帮助学生掌握理论知识。

本书第二部分为应用实例，精选了家庭图书管理系统、诊所患者信息管理系统和小学数学简单考试系统 3 个 Access 数据库的实用案例。

本书由宋绍成和张滴石担任主编，由刘颖、柳崧轶、王静茹和王姗姗担任副主编。具体编写分工如下：实验一至实验三由张滴石编写，实验四由柳崧轶编写，实验五由王静茹编写，实验六和实验七由刘颖编写，实验八和第二部分由王姗姗编写。全书由宋绍成负责统稿。编者在编写本书过程中得到了王冬梅等人的大力帮助，在此表示感谢。

由于编者水平有限，书中难免存在疏漏和不妥之处，望广大读者批评指正。

编　者

2017 年 10 月

目　录

第一部分　上　机　实　验

第二部分　应　用　实　例

第一部分 上机实验

本部分主要以"教务管理系统"实例为主线，按照数据库系统的设计步骤，逐步实现数据库的各项功能，并分别详述 Access 2010 数据库中表、查询、窗体、报表、宏及模块 6 类对象的设计方法，通过实例达到强化概念、操作训练的目的，最终生成相对完整的关系数据库管理系统。

关系数据库管理系统设计之初要对用户的需求进行分析，筛选出涉及的所有数据并将其以表的形式组织起来。其中，表又可以分为实体表和关系表，实体表用来存放实体对象的基础信息，关系表用来体现实体与实体之间的关系及实体关系的属性。此外，也可以在数据库构建之初设计出 E-R 图，然后根据 E-R 图构建数据库。

在确定存储在数据库中的数据时应注意，数据库中的数据不宜经常变动，因此，关于统计数据则需应用查询生成动态结果。最后可通过窗体、报表、数据访问页的形式与用户沟通，并将数据提供给用户，其中应用宏和模块可以使具体功能实现起来更灵活。

实验一 表 的 创 建

一、实验目的

1）掌握数据库的创建方法和过程。
2）掌握使用数据输入创建表的方法。
3）掌握使用数据导入创建表的方法。
4）掌握使用表设计器创建表的方法。

二、实验内容

1）使用"教育"模板创建"学生"数据库，如图 1-1-1 所示。该模板的使用需要在联网状态下进行。

图 1-1-1　创建"学生"数据库

2）新建空数据库"教务管理系统"，参照表 1-1-1，以输入数据的方式在其中创建"教师基本情况表"。

表 1-1-1　"教师基本情况表"数据

jsbh	jsxm	xb	csrq	xybh	xl	zc	hf	lxdh	jbgz	sfzz	jg	Email
000117	高明武	TRUE	1973/7/25	06	本科	副教授	TRUE	186044 9××××	2,995.20	TRUE	吉林省	136219445 1@qq.com
000124	许春兰	FALSE	1977/4/21	05	本科	讲师	FALSE	186044 9××××	1,956.96	TRUE	辽宁省	
000189	王通明	TRUE	1971/6/1	09	本科	教授	TRUE	186044 9××××	3,456.88	TRUE	吉林省	
000208	张思德	TRUE	1962/3/24	07	硕士	教授	FALSE	186044 9××××	4,112.50	FALSE	吉林省	
000213	李鹏	TRUE	1968/12/3	03	本科	副教授	TRUE	186044 9××××	2,932.85	TRUE	黑龙江省	
000218	孙大可	TRUE	1975/5/17	08	硕士	讲师	TRUE	186044 9××××	2,113.96	TRUE	吉林省	
000225	吕丽	FALSE	1983/4/9	01	硕士	助教	FALSE	186044 9××××	1,589.04	TRUE	黑龙江省	
000226	田立君	FALSE	1972/6/28	02	本科	讲师	TRUE	186044 9××××	2,366.21	TRUE	辽宁省	
000228	李鸣锋	TRUE	1982/7/10	09	硕士	助教	FALSE	186044 9××××	1,692.14	TRUE	浙江省	
000240	王娜	FALSE	1980/9/2	05	本科	讲师	TRUE	186044 9××××	1,967.58	TRUE	北京市	
000258	刘莹	FALSE	1981/8/25	01	本科	讲师	TRUE	186044 9××××	1,987.00	TRUE	吉林省	
000268	黎明	TRUE	1978/5/21	02	硕士	副教授	FALSE	186044 9××××	3,025.00	TRUE	吉林省	
000279	杨璐	FALSE	1980/2/10	06	硕士	副教授	FALSE	186044 9××××	3,965.00	TRUE	吉林省	
000302	马力	TRUE	1975/6/23	03	硕士	副教授	TRUE	186044 9××××	3,562.00	TRUE	吉林省	
000314	张进博	TRUE	1964/1/2	04	博士	教授	TRUE	186044 9××××	3,965.18	TRUE	辽宁省	
000316	王英	FALSE	1966/11/15	07	本科	教授	TRUE	186044 9××××	3,880.80	FALSE	辽宁省	
000321	刘莉	FALSE	1976/1/2	01	博士	教授	TRUE	186044 9××××	4,251.00	TRUE	黑龙江省	
000381	徐琳	FALSE	1978/3/20	04	本科	讲师	TRUE	186044 9××××	2,643.00	TRUE	吉林省	
000412	田璐	FALSE	1981/6/20	03	硕士	讲师	TRUE	186044 9××××	2,531.00	TRUE	吉林省	
000432	杨林	TRUE	1974/1/14	08	硕士	教授	TRUE	186044 9××××	4,532.00	TRUE	吉林省	

3）将图 1-1-2 所示的电子表格数据导入“教务管理系统”数据库中。

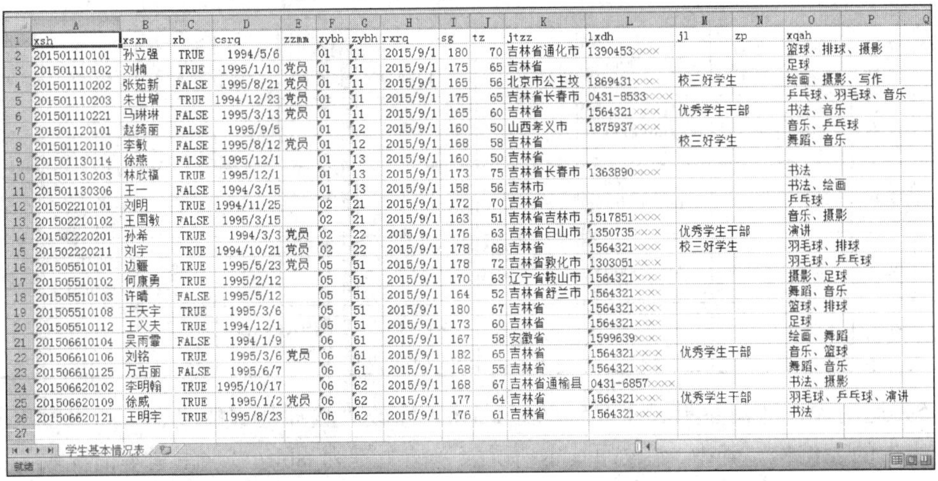

xsh	xsxm	xb	csrq	zzmm	xybh	zybh	rxrq	sg	tz	jtzz	lxdh	jl	zp	xqah
201501110101	孙立强	TRUE	1994/5/6		01	11	2015/9/1	180	70	吉林省通化市	1390453××××			篮球、排球、摄影
201501110102	刘楠	TRUE	1995/1/10	党员	01	11	2015/9/1	175	65	吉林省				足球
201501110202	张茹新	FALSE	1995/8/21	党员	01	11	2015/9/1	165	56	北京市公主坟	1869431××××	校三好学生		绘画、摄影、写作
201501110203	朱世增	TRUE	1994/12/23	党员	01	11	2015/9/1	175	65	吉林省长春市	0431-8533××××			乒乓球、羽毛球、音乐
201501110221	马琳琳	FALSE	1995/3/13	党员	01	11	2015/9/1	165	60	吉林省	1564321××××	优秀学生干部		书法、音乐
201501120101	赵绮丽	FALSE	1995/9/5		01	12	2015/9/1	160	50	山西孝义市	1875937××××			音乐、乒乓球
201501120110	李敏	FALSE	1995/8/12	党员	01	12	2015/9/1	168	58	吉林省		校三好学生		舞蹈、音乐
201501130114	徐燕	FALSE	1995/12/1		01	13	2015/9/1	160	50	吉林省				
201501130203	林欣福	TRUE	1995/12/1		01	13	2015/9/1	173	75	吉林省长春市	1363890××××			书法
201501130306	王一	FALSE	1994/3/15		01	13	2015/9/1	158	56	吉林市				书法、绘画
201502210101	刘明	TRUE	1994/11/25		02	21	2015/9/1	172	70	吉林省				乒乓球
201502210102	王国敏	FALSE	1995/3/15		02	21	2015/9/1	163	51	吉林省吉林市	1517851××××			音乐、摄影
201502220201	孙希	TRUE	1994/3/3	党员	02	22	2015/9/1	176	63	吉林省白山市	1350735××××	优秀学生干部		演讲
201502220211	刘宇	TRUE	1994/10/21	党员	02	22	2015/9/1	178	68	吉林省	1564321××××	校三好学生		羽毛球、排球
201505510101	边疆	TRUE	1995/5/23	党员	05	51	2015/9/1	178	72	吉林省敦化市	1303051××××			羽毛球、乒乓球
201505510102	何康勇	TRUE	1995/2/12		05	51	2015/9/1	170	63	辽宁省鞍山市	1564321××××			摄影、足球
201505510103	许晴	FALSE	1995/5/12		05	51	2015/9/1	164	52	吉林省舒兰市	1564321××××			舞蹈、音乐
201505510108	王天宇	TRUE	1995/3/6		05	51	2015/9/1	180	67	吉林省	1564321××××			篮球、排球
201505510112	王义夫	TRUE	1994/12/1		05	51	2015/9/1	173	60	吉林省	1564321××××			足球
201506610104	吴雨霏	FALSE	1994/1/9		06	61	2015/9/1	167	58	安徽省	1599639××××			绘画、舞蹈
201506610106	刘铭	TRUE	1995/3/6	党员	06	61	2015/9/1	182	65	吉林省	1564321××××	优秀学生干部		音乐、篮球
201506610125	万古丽	FALSE	1995/6/7		06	61	2015/9/1	168	55	吉林省	1564321××××			舞蹈、音乐
201506620102	李明翰	TRUE	1995/10/17		06	62	2015/9/1	168	67	吉林省通榆县	0431-6857××××			书法、摄影
201506620109	徐威	TRUE	1995/1/2	党员	06	62	2015/9/1	177	64	吉林省	1564321××××	优秀学生干部		羽毛球、乒乓球、演讲
201506620121	王明宇	TRUE	1995/8/23		06	62	2015/9/1	176	61	吉林省	1564321××××			书法

图 1-1-2 “学生基本情况表”电子表格

4）参照表 1-1-2～表 1-1-4，运用表设计器分别创建“课程信息表”、“教师授课情况表”和“学生选课表”。其中，“课程信息表”的主键设为 kch，“教师授课情况表”的主键设为 kch 和 jsbh，“学生选课表”的主键设为 xsh 和 kch。

表 1-1-2 “课程信息表”表结构

字段名称	字段类型	字段大小	小数位数	输入掩码	标题	必填字段	允许空字符串	索引	输入法模式
kch	文本	8	—	00000000	课程号	是	否	有（无重复）	关闭
kcm	文本	20	—	—	课程名称	是	否	无	开启
lb	文本	4	—	—	类别	否	是	无	开启
xz	文本	4	—	—	性质	否	是	无	开启
xs	数字	整型	自动	—	学时	否	—	无	—
xf	数字	单精度型	1	—	学分	否	—	无	—

表 1-1-3 “教师授课情况表”表结构

字段名称	字段类型	字段大小	输入掩码	标题	必填字段	允许空字符串	索引	输入法模式
kch	文本	8	00000000	课程号	是	否	有（有重复）	关闭
jsbh	文本	8	js000000	教师编号	是	是	有（有重复）	关闭
xq	文本	11	—	学期	—	—	—	—
sksj	文本	10	—	授课时间	—	—	—	—
skdd	文本	20	—	授课地点	—	—	—	—

表 1-1-4　"学生选课表"表结构

字段名称	字段类型	字段大小	小数位数	输入掩码	标题	有效性规则	有效性文本	必填字段	允许空字符串	索引	输入法模式
xsh	文本	12	—	000000000000	学生号	—	—	是	否	有（有重复）	关闭
kch	文本	8	—	00000000	课程号	—	—	是	否	有（有重复）	关闭
xkh	文本	8	—	A0000000	选课号	—	—	是	否	有（有重复）	关闭
xscj	数字	单精度型	1	—	学生成绩	xscj<=100 And xscj>=0	成绩无效	否	—	无	—

5）运用表设计器参照表 1-1-5 和表 1-1-6，修改"教师基本情况表"和"学生基本情况表"的表结构。其中，"教师基本情况表"的主键为 jsbh，"学生基本情况表"的主键为 xsh。

表 1-1-5　"教师基本情况表"表结构

字段名称	字段类型	字段大小	格式	小数位数	输入掩码	标题	必填字段	允许空字符串	索引	输入法模式
jsbh	文本	8	—	—	js000000	教师编号	是	否	有（无重复）	关闭
jsxm	文本	8	@	—		教师姓名	是	否	无	开启
xb	是/否	—	是/否			性别	—	—	—	—
csrq	日期/时间	—	长日期			出生日期	是	否	无	关闭
xybh	文本	2				学院编号	—	—	—	—
xl	文本	10				学历	—	—	—	—
zc	文本	10	@			职称	否	是	无	开启
hf	是/否	—	是/否			婚姻状况	否	—	无	—
lxdh	文本	13				联系电话	—	—	—	—
jbgz	货币	—	货币	2		基本工资	否	—	无	—
sfzz	是/否	—	是/否			是否在职	—	—	—	—
jg	文本	20				籍贯	—	—	—	—
Email	超链接					电子邮箱	—	—	—	—

表 1-1-6　"学生基本情况表"表结构

字段名称	字段类型	字段大小	格式	输入掩码	标题	默认值	必填字段	允许空字符串	索引	输入法模式
xsh	文本	12	—	000000000000	学生号	—	是	否	有（无重复）	关闭

续表

字段名称	字段类型	字段大小	格式	输入掩码	标题	默认值	必填字段	允许空字符串	索引	输入法模式
xsxm	文本	8	@	—	学生姓名	—	是	否	无	开启
xb	是/否	—	—	—	性别	—	是	否	无	开启
csrq	日期/时间	—	短日期	—	出生日期	—	是	否	无	关闭
zzmm	文本	10	—	—	政治面貌	—	—	—	无	—
xybh	文本	2	—	—	学院编号	—	—	—	—	—
zybh	文本	4	—	—	专业编号	—	—	—	—	—
rxrq	日期/时间	—	—	—	入学日期	#2015/9/1#	是	—	—	—
sg	数字	整型	—	—	身高（厘米）	—	—	—	—	—
tz	数字	整型	—	—	体重（公斤）	—	—	—	—	—
jtzz	文本	30	—	—	家庭住址	"吉林省"	—	—	—	—
lxdh	文本	13	—	—	联系电话	—	—	—	—	—
jl	备注	—	—	—	奖励	—	否	是	无	开启
zp	OLE 对象	—	—	—	照片	—	否	—	—	—
xqah	文本	100	—	—	兴趣爱好	—	—	—	—	—

三、实验步骤

1. 使用"教育"模板创建"学生"数据库

启动 Access 2010，在"文件"选项卡中单击"新建"按钮，在"可用模板"界面中选择 Office.com 模板中的"教育"模板，如图 1-1-3 所示。在"教育"模板界面中选择"学生"模板后，单击右下角的"下载"按钮，如图 1-1-4 所示。下载过程如图 1-1-5 所示。待"学生"数据库模板下载完毕后，"学生"数据库即创建完毕，结果如图 1-1-1 所示。

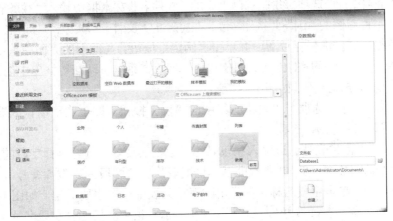

图 1-1-3 创建"学生"数据库（1）

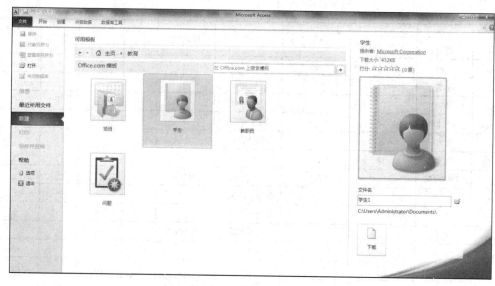

图 1-1-4 创建"学生"数据库（2）

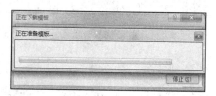

图 1-1-5 创建"学生"数据库（3）

2. 创建空数据库，并以输入数据的方式在其中创建"教师基本情况表"

1）启动 Access 2010，在"文件"选项卡中单击"新建"按钮，在"可用模板"界面中选择"空数据库"选项，并在右侧下方的"文件名"文本框中输入"教务管理系统"。然后单击文本框右侧的"浏览"按钮 📂，在打开的"文件新建数据"对话框（图 1-1-6）中选择空数据库文件的保存位置，并单击"确定"按钮。在返回的界面中单击右下方的"创建"按钮，完成数据库的创建。创建空数据库后，系统自动在数据库中创建"表 1"，并以数据表视图方式打开，如图 1-1-7 所示。

2）单击"创建"选项卡"表格"组中的"表"按钮，即可实现以输入数据的方式创建表，如图 1-1-8 所示。

3）输入数据创建表是通过输入字段名称及数据实现的。首先选择字段的数据类型，参照表 1-1-1 输入数据。例如，"教师基本情况表"首个字段为"教师编号"，其字段类型为"文本"型。单击字段名称，在弹出的下拉列表中选择字段类型，如图 1-1-9 所示。然后输入字段名称"教师编号"，如图 1-1-10 所示。也可直接选择字段名称下方的单元格，先输入数据，后输入字段名称，字段的数据类型将由系统自动识别确定。

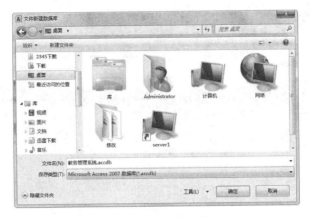

图 1-1-6　创建空数据库的操作

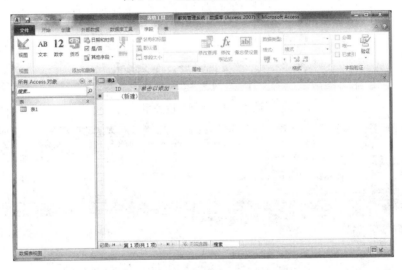

图 1-1-7　新建空数据库"教务管理系统"

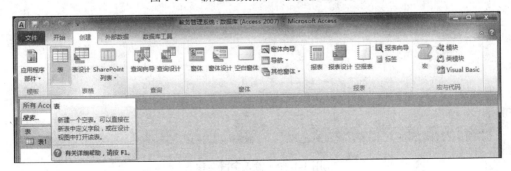

图 1-1-8　数据表视图创建表

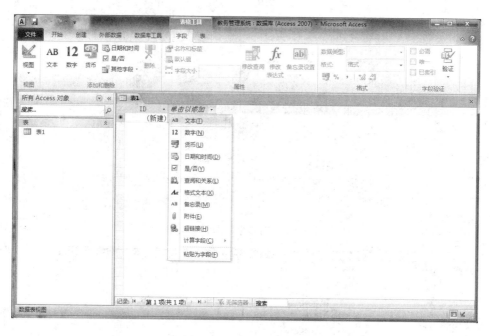

图 1-1-9　选择字段类型

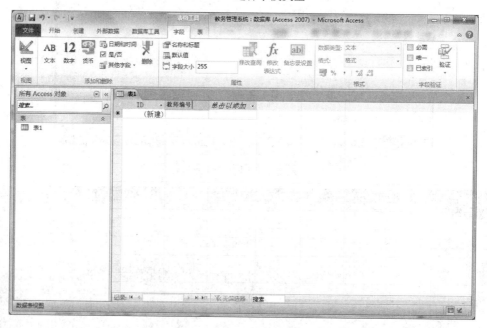

图 1-1-10　输入字段名称

4) 参照表 1-1-1 输入数据，参照表 1-1-5 设计表结构，如图 1-1-11 所示。例如，输入"教师编号"字段的数据，输入完成后可按【Tab】键或【Enter】键继续添加记录。

图 1-1-11　输入数据

5）输入完毕，单击快速访问工具栏中的"保存"按钮，在打开的"另存为"对话框中输入表名称"教师基本情况表"，如图 1-1-12 所示，单击"确定"按钮完成"教师基本情况表"的创建。

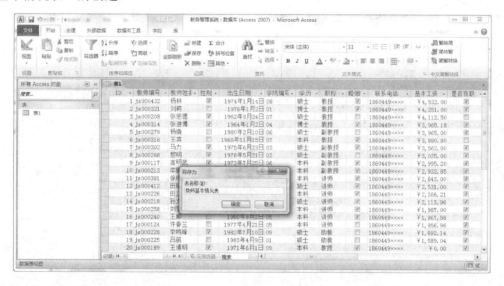

图 1-1-12　保存表

注意：输入数据创建表时，会自动生成数据类型为"自动编号"类型的 ID 字段作为表的主键，在数据表视图中不能将其删除。若要删除，需在表建立之后，切换到表的设计视图，取消 ID 字段的主键设置，然后删除该字段。

3. 导入外部数据创建表

将电子表格"学生基本情况表"导入"教务管理系统"数据库中创建表。

1）在 Excel 环境中，依据图 1-1-2 所示创建电子表格文件"学生基本情况表"，保存后关闭文件。

2）打开"教务管理系统"数据库，单击"外部数据"选项卡"导入并链接"组中的"Excel"按钮，如图 1-1-13 所示。

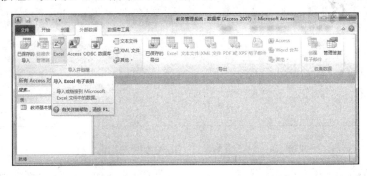

图 1-1-13　导入 Excel 电子表格

3）在打开的"获取外部数据-Excel 电子表格"对话框中，单击"浏览"按钮，选择之前建立的"学生基本情况表"文件，如图 1-1-14 所示，单击"确定"按钮。

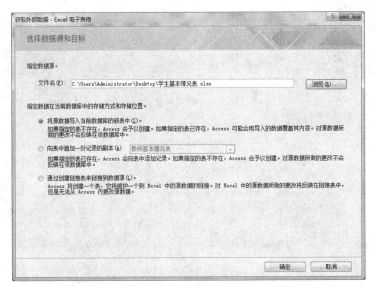

图 1-1-14　选择数据源

4）在打开的图 1-1-15 所示的"导入数据表向导"对话框中选择显示工作表"学生基本情况表"，单击"下一步"按钮。在打开的对话框中参照图 1-1-16 进行设置，然后单击"下一步"按钮。在打开的图 1-1-17 所示的对话框中设置各个字段的字段名称、数据类型及索引，然后单击"下一步"按钮。在打开的图 1-1-18 所示的对话框中设置主键为 xsh，单击"下一步"按钮。在打开的图 1-1-19 所示的对话框的"导入到表"文本框中输入表的名称，单击"完成"按钮，即可将外部数据"学生基本情况表"文件中的工作表导入当前数据库中。

图 1-1-15　导入数据表（1）

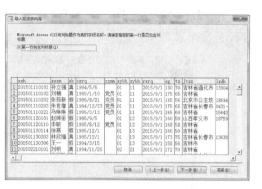

图 1-1-16　导入数据表（2）

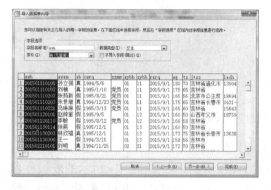

图 1-1-17　导入数据表（3）

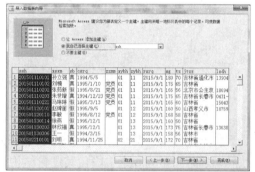

图 1-1-18　导入数据表（4）

图 1-1-19　导入数据表（5）

4. 使用表设计器创建表

在"教务管理系统"中创建"课程信息表""教师授课情况表""学生选课表"。

1）单击"创建"选项卡"表格"组中的"表设计"按钮，如图 1-1-20 所示，即可打开表设计器。

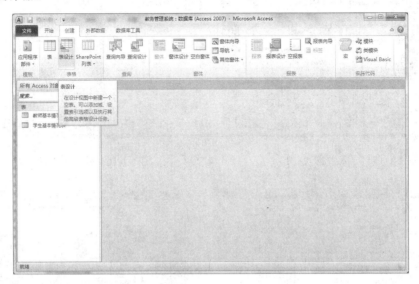

图 1-1-20　使用表设计器创建表

2）"课程信息表"用于管理学校所开设的课程信息，包括课程号、课程名称、类别、性质、学时和学分 6 个字段，其逻辑结构如表 1-1-2 所示。在图 1-1-21 所示的表设计器中，将光标定位在"字段名称"列，按照表 1-1-2 输入字段名称，并选择字段类型，然后在设计器下方的"字段属性"窗格中设置字段大小、格式、输入掩码、标题、默认值、有效性规则、索引等属性。

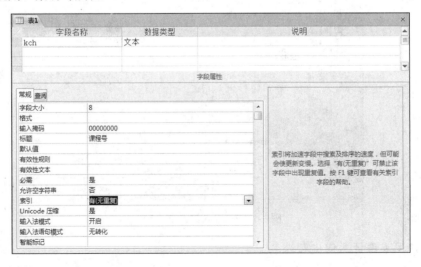

图 1-1-21　表设计器

3）字段添加完成后，单击"保存"按钮，在打开的"另存为"对话框中输入表名"课程信息表"，然后单击"确定"按钮。系统会提示"尚未定义主键"，如图 1-1-22 所示。因为该表的主键可设置为 kch，无须系统自动创建，在此单击"否"按钮。可在表结构建立之后再输入数据，以免表结构调整影响数据的准确性，而进行重复输入。

图 1-1-22　是否定义主键

"教师授课情况表""学生选课表"的创建均按照上述方式实现，"教师授课情况表"用于记录教师授课情况及上课时间、地点的信息，其逻辑结构如表 1-1-3 所示。"学生选课表"用于记录学生所选课程的成绩信息，其逻辑结构如表 1-1-4 所示。

4）设置"教师基本情况表"中的 jsbh 字段为主索引，按升序排列；jsxm 及 lxdh 字段为升序排列。

可在表设计器"字段属性"窗格中逐一设置各个字段的索引属性，也可以单击"表格工具-设计"选项卡"显示/隐藏"组中的"索引"按钮，在打开的图 1-1-23 所示的索引设计器中设置索引名称、排序次序、索引类型（主索引或唯一索引）及是否忽略空值等选项。

图 1-1-23　设置字段的索引属性

5）设置"学生选课表"中 xscj 字段的有效性为 0～100，有效性文本为"成绩无效"。以"学生选课表"的 xscj 字段为例，学生成绩的取值范围为 0～100，运用表设计器对"学生选课表"进行编辑，选中 xscj 字段，单击"有效性规则"文本框右侧的按钮，打开"表达式生成器"对话框，如图 1-1-24 所示。生成条件表达式"[xscj]<=100 And

[xscj]>=0"或在"有效性规则"文本框中直接输入表达式,然后设置"有效性文本"的内容为"成绩无效"(即出错消息),如图 1-1-25 所示,即完成了有效性规则的设置。

图 1-1-24 "表达式生成器"对话框　　　　图 1-1-25 设置有效性规则

6)设置"课程信息表"中 lb 字段的查阅功能,使该字段的值通过查阅功能设置为"考试"或"考查"。首先以表设计视图打开"课程信息表",选择 lb 字段,在该字段"数据类型"下拉列表中选择"查阅向导"选项(图 1-1-26),打开"查阅向导"对话框,选中"自行键入所需的值"单选按钮(图 1-1-27),单击"下一步"按钮,在打开的对话框中设置"列数"为 1,并输入"考试""考查"(图 1-1-28)。单击"下一步"按钮,在打开的对话框中设置字段标签,选择取值限定范围(图 1-1-29),并单击"完成"按钮完成设置。

将"课程信息表"切换到数据表视图,单击"类别"字段中的数据,可见由数据输入方式改为由组合框选择的方式添加,如图 1-1-30 所示。

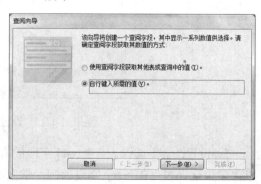

图 1-1-26 查阅向导设置　　　　图 1-1-27 选择字段值来源

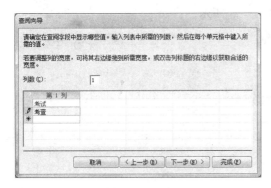

图 1-1-28 自行输入查阅字段值

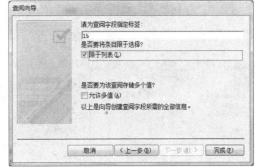

图 1-1-29 指定查阅字段标签

课程号	课程名称	类别	性质	学时	学分	单击以添加
02000001	大学语文	考查	选修	54	3	
02000002	文学欣赏	考查	选修	36	2	
02000003	中国古代史	考试	必修	54	3	
03000001	高等数学	考试	必修	72	4	
03000002	离散数学	考试	必修	60	3	
03000015	线性代数	考试	必修	72	4	
04000026	大学英语	考试	必修	72	4	
05000001	大学计算机基础	考试	必修	64	4	
05000002	高级语言程序设计	考试	必修	54	2.5	
05000006	教育技术基础	考查	必修	36	2	
05000011	多媒体技术	考查	选修	36	1	
06000001	马克思主义经济学	考试	必修	60	4	
06000002	马克思主义哲学	考试	必修	60	4	
06000003	毛泽东思想概论	考试	必修	60	4	
				0	0	

图 1-1-30 查阅字段设置应用

5. 修改表结构

在表设计视图下，参照表 1-1-5 和表 1-1-6 修改表结构。

1）在导航窗格中选择"教师基本情况表"并右击，在弹出的快捷菜单中选择"设计视图"选项，如图 1-1-31 所示。

2）由于"教师基本情况表"是通过输入数据的方式创建的，除对字段名称、数据类型、索引等进行简单的设置之外，其他属性均采用默认值，如图 1-1-32 所示，因此对数据的约束不足，在数据输入过程中出错概率较高。例如，这里并不需要 ID 字段，需要将 ID 字段删除。选择 ID 字段，单击"表格工具-设计"选项卡"工具"组中的"删除行"按钮，即可将 ID 字段删除。然后参照表 1-1-5 中的各字段属性重新进行设置。

3）"学生基本情况表"是从 Excel 中导入的表，其字段属性设置较模糊，是 Access 2010 系统根据数据内容自动生成的，因此需要按照用户对数据的使用需求，对表结构进行进一步的设置与调整，具体逻辑结构如图 1-1-33 所示。

图1-1-31　以设计视图打开表　　　　　图 1-1-32　修改表结构前的"教师基本情况表"

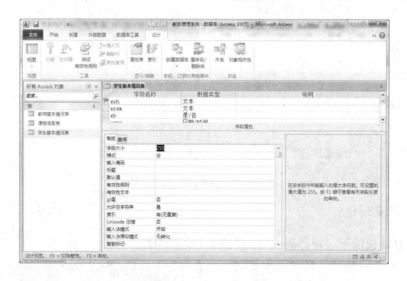

图 1-1-33　修改表结构前的"学生基本情况表"

　　参照表 1-1-6 进行修改。例如，选择"字段名称"列下的第一个字段 xsh，将"常规"选项卡"字段大小"的属性值修改为 12，"输入掩码"修改为 000000000000，输入标题"学生号"，将"必需"设置为是，"允许空字符串"设置为否，设置其为"索引"字段，并设置"索引"字段的值为有（无重复），同时将"输入法模式"设置为关闭。其他字段的字段大小及其他字段属性设置都与此方法相同。

四、思考与操作

1）用于创建与维护表的设计视图及数据表视图主要是对表的哪部分对象进行操作管理？

2）Access 2010 环境中，功能区的使用具有什么特点？

3）依据表 1-1-7 创建"学院情况表"，依据表 1-1-8 创建"专业情况表"，并设置主键。

表 1-1-7　"学院情况表"结构（xybh 作为主键）

字段名称	字段类型	字段大小	输入掩码	标题	必填字段	允许空字符串	索引
xybh	文本	2	—	学院编号	是	否	有（无重复）
xymc	文本	20	—	学院名称	是	否	无
xyfzr	文本	8	—	学院负责人	—	否	无
ybdh	文本	13	"0432-" 00000000	院办电话	—	—	—
yxwz	超链接	—	—	院系网址	—	—	—

表 1-1-8　"专业情况表"结构（zybh 作为主键）

字段名称	字段类型	字段大小	标题	必填字段	允许空字符串	索引	输入法模式
zybh	文本	4	专业编员	是	否	有（无重复）	关闭
zymc	文本	20	专业名称	—	—	无	开启
xybh	文本	2	出生日期	—	—	无	关闭

4）"学院情况表"和"专业情况表"在数据库中起到什么作用？还可以对两表的字段属性进行哪些设置？还可添加哪些字段？

5）主键的设置对表结构有什么影响？

五、习题

1. 选择题

1）Microsoft Office 2010 中不包含的组件是（　　　）。

　　A．Access　　　　　B．Visual Basic　　　　C．Word　　　　D．Excel

2）Access 2010 内置的开发工具是（　　　）。

　　A．VBA　　　　　B．VC　　　　　C．PB　　　　D．VF

3）Access 2010 数据库文件的扩展名是（　　　）。

　　A．.accdb　　　　B．.xlsx　　　　C．.pptx　　　　D．.docx

4）下列不属于数学模型的是（　　　）。

    A．概念模型　　　　B．层次模型　　　　　C．网状模型　　　　D．关系模型

5）在层次模型中没有双亲结点的结点称为（　　　）。

    A．叶结点　　　　B．兄弟结点　　　　　C．根结点　　　　D．子女结点

6）数据库管理系统属于（　　　）。

    A．应用软件　　　　B．系统软件　　　　　C．操作系统　　　　D．编译软件

7）数据模型应满足三方面的要求，其中不包括（　　　）。

    A．比较真实地模拟现实世界　　　　　　　　B．容易被人们所理解

    C．逻辑结构简单　　　　　　　　　　　　　D．便于在计算机上实现

8）在关系中选择某些属性列组成新的关系的操作是（　　　）。

    A．选择运算　　　　B．投影运算　　　　　C．等值连接　　　　D．自然连接

9）下列关于网状模型的叙述中，正确的是（　　　）。

    A．仅有一个无双亲的结点　　　　　　　　　B．一个结点可以有多个双亲

    C．支持多对多联系　　　　　　　　　　　　D．单一的数据结构

10）下列不属于专门的关系运算的是（　　　）。

    A．选择　　　　B．投影　　　　　C．连接　　　　D．广义笛卡儿积

11）用树形结构来表示各类实体及实体之间联系的数据模型称为（　　　）。

    A．层次数据模型　　　　　　　　　　　　　B．网状数据模型

    C．关系数据模型　　　　　　　　　　　　　D．概念数据模型

12）数据库的并发控制、完整性检查、安全性检查等是对数据库的（　　　）。

    A．设计　　　　B．应用　　　　　C．操纵　　　　D．保护

13）在关系数据模型中，域是指（　　　）。

    A．字段　　　　　　　　　　　　　　　　　B．记录

    C．属性　　　　　　　　　　　　　　　　　D．属性的取值范围

14）数据库设计中，将 E-R 图转换成关系数据模型的过程属于（　　　）。

    A．需求分析阶段　　　　　　　　　　　　　B．逻辑设计阶段

    C．概念设计阶段　　　　　　　　　　　　　D．物理设计阶段

15）备注数据类型最多为（　　　）个字符。

    A．250　　　　B．256　　　　　C．65 535　　　　D．65 536

16）传统的集合运算不包括（　　　）。

    A．并　　　　B．差　　　　　C．交　　　　D．乘

17）数据定义不包括定义构成数据库结构的（　　　）。

    A．模式　　　　B．外模式　　　　　C．内模式　　　　D．中心模式

18）数据的存取往往是（　　　）。

    A．平行的　　　　B．纵向的　　　　　C．异步的　　　　D．并发的

19）对于数据规范化设计的要求是应该保证所有数据表都能满足（　　），力求绝大多数数据表满足（　　）。

    A．第一范式；第二范式　　　　　　B．第二范式；第三范式

    C．第三范式；第四范式　　　　　　D．第四范式；第五范式

20）下列不是表中字段类型的是（　　）。

    A．索引　　　　　B．备注　　　　　C．是/否　　　　　D．货币

21）必须输入0～9数字的输入掩码是（　　）。

    A．0　　　　　　　B．9　　　　　　　C．A　　　　　　　D．C

22）下列用来控制文本框中输入数据格式的是（　　）。

    A．有效性规则　　　　　　　　　　B．默认值

    C．输入掩码　　　　　　　　　　　D．有效性文本

23）下列不能够创建数据表的方法是（　　）。

    A．使用表向导　　　　　　　　　　B．输入数据

    C．使用设计器　　　　　　　　　　D．选择"文件"→"新建"命令

24）在数据管理技术发展的3个阶段中，数据共享最好的是（　　）。

    A．人工管理阶段　　　　　　　　　B．文件系统阶段

    C．数据库系统阶段　　　　　　　　D．3个阶段相同

25）在E-R图中，用来表示实体联系的图形是（　　）。

    A．椭圆形　　　　B．矩形　　　　　C．菱形　　　　　D．三角形

26）层次型、网状型和关系型数据库划分的原则是（　　）。

    A．记录长度　　　　　　　　　　　B．文件的大小

    C．联系的复杂程度　　　　　　　　D．数据之间的联系方式

27）如果在创建表中建立"性别"字段，并要求用汉字表示，其数据类型应当是（　　）。

    A．是/否　　　　　B．数字　　　　　C．文本　　　　　D．备注

28）下列关于货币数据类型的叙述中，错误的是（　　）。

    A．货币型字段的长度为8字节

    B．货币型数据等价于具有单精度属性的数字型数据

    C．向货币型字段输入数据时，不需要输入货币符号

    D．货币型数据与数字型数据混合运算后的结果为货币型

29）若在数据库表的某个字段中存放演示文稿数据，则该字段的数据类型应是（　　）。

    A．文本型　　　　B．备注型　　　　C．超链接型　　　D．OLE对象型

30）Access 2010字段名不能包含的字符是（　　）。

    A．@　　　　　　B．!　　　　　　C．%　　　　　　D．&

2. 填空题

1）Access 2010是_____软件中一个重要的组成部分。

2）Access 2010 中的_____是数据库管理的核心。

3）Access 2010 数据库中的对象有_____、_____、_____、_____、_____、_____。

4）数据库的核心操作是_____。

5）第三代数据库系统是以_____为主要特征的数据库系统。

6）关系数据库是以_____为基础的数据库系统，它的数据结构是_____。

7）关系中的每一个属性必须是_____。

8）关系模型中数据的_____结构就是一个二维表，表中的列称为_____，表中的行称为_____。

9）满足_____条件的关系模式属于第一范式。

10）实体间的关系可分为_____、_____和_____3 种。

11）类是对象的_____，而对象是类的_____。

12）Access 2010 的表有两种视图，_____视图一般用来浏览或编辑表中的数据，而_____视图则用来浏览或编辑表的结构。

13）_____规定数据的输入模式，具有控制数据输入的功能。

14）Access 用参照完整性来确保表中记录之间_____的有效性，并不会因意外而删除或更改相关数据。

15）_____类型用来存储日期和时间，其最多可存储_____字节。

3. 简答题

1）简述 Access 2010 界面特征及该软件的主要功能。

2）简述数据模型的组成要素及功能。

3）简述关系完整性约束条件。

4）创建数据库的方法有哪几种？

5）简要说明 Access 2010 中使用的字段类型及用法。

实验二 数据库表管理及关系的创建

一、实验目的

1）掌握编辑数据库中表的方法。

2）掌握建立表间关系的操作方法。

二、实验内容

1. 表的编辑

1）表的复制与粘贴：复制"教师基本情况表"，将其以"教师基本情况表 的副本"为名称，粘贴到"教务管理系统"中，设置粘贴表方式为"仅结构"。

2）将"教师基本情况表 的副本"重命名为"教师信息表"，并删除"教师信息表"。

3）将"学生基本情况表"隐藏并显示。

2. 表间关系的建立

1）设置"教师基本情况表"的主键为 jsbh，"课程信息表"的主键为 kch，"教师授课情况表"的主键为 jsbh 和 kch，"学生基本情况表"的主键为 xsh，"学生选课表"的主键为 xsh 和 kch。

2）将"教师授课情况表"中的 jsbh 和 kch 字段的"索引"属性设置为"有（有重复）"，"学生选课表"中的 xsh 和 kch 字段的"索引"属性设置为"有（有重复）"。

3）关系的建立与编辑。建立"教务管理系统"数据库表间关系，如图 1-2-1 所示。

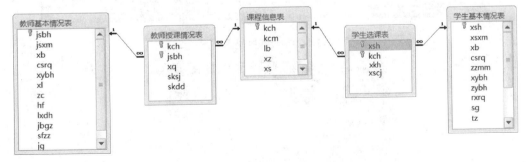

图 1-2-1 "教务管理系统"数据库表间关系

三、实验步骤

1. 表的编辑

1）在导航窗格中选择"教师基本情况表"并右击，在弹出的快捷菜单中选择"复制"选项，如图 1-2-2 所示。然后单击"开始"选项卡"剪贴板"组中的"粘贴"按钮，在打开的"粘贴表方式"对话框中选中"仅结构"单选按钮，如图 1-2-3 所示，单击"确定"按钮，结果如图 1-2-4 所示，得到的新表中只有结构，没有数据，也可将其他表复制，将表中的数据追加到该表中。

2）在导航窗格中选择"教师基本情况表 的副本"并右击，在弹出的快捷菜单中选择"重命名"选项，即可修改表名；按键盘上的【Delete】键，或右击该表，在弹出的快捷菜单中选择"删除"选项，即可将该表删除。

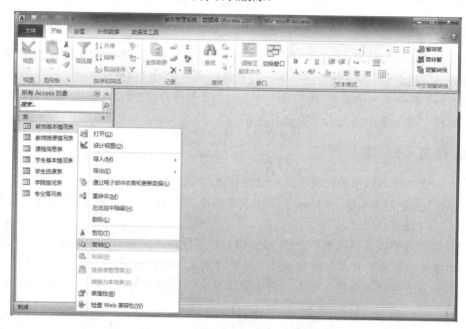

图 1-2-2　复制"教师基本情况表"

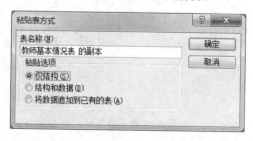

图 1-2-3　粘贴为"教师基本情况表 的副本"

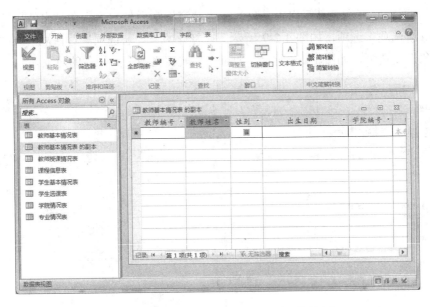

图 1-2-4　粘贴生成"教师基本情况表 的副本"

3）在导航窗格中选择"学生基本情况表"并右击，在弹出的快捷菜单中选择"在此组中隐藏"选项，如图 1-2-5 所示；或选择"表属性"选项，在打开的"学生基本情况表 属性"对话框中，选中"隐藏"复选框，如图 1-2-6 所示，这样"学生基本情况表"就不会显示出来了，该操作并不影响其他与该表相关的设置。

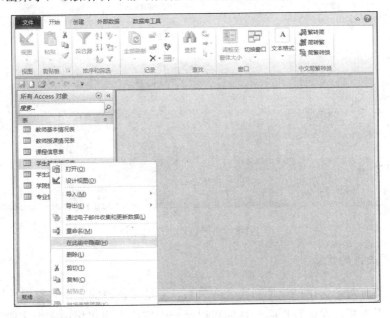

图 1-2-5　隐藏"学生基本情况表"

4）若要将隐藏的表显示出来，只需在导航窗格空白处右击，在弹出的快捷菜单中选择"导航选项"选项，如图 1-2-7 所示。在打开的"导航选项"对话框中选中"显示隐藏对象"复选框，如图 1-2-8 所示，即可在导航窗格中看到隐藏的对象。

图 1-2-6 "学生基本情况表 属性"对话框

图 1-2-7 快捷菜单

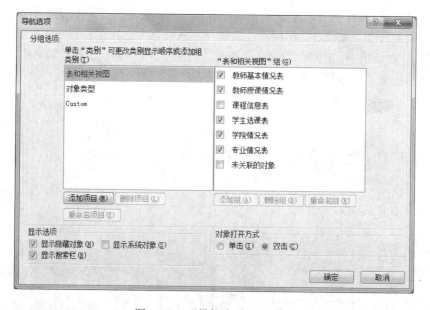

图 1-2-8 "导航选项"对话框

2. 表间关系的建立

主键主要有两个作用：一是创建表间关系，二是设置表的实体完整性，从而使表中的数据记录不重复。保证数据唯一性的可以是一个字段，也可以由多个字段共同构建，然而，每个表对象只能有一个主键，也可以不设置主键。

1）设置"教师基本情况表"的主键。将表用设计视图打开，选择要作为主键的 jsbh 字段，单击"表格工具-设计"选项卡"工具"组的"主键"按钮，如图 1-2-9 所示；或右击 jsbh 字段，在弹出的快捷菜单中选择"主键"选项即可。多字段共同作为主键时，可以在按住【Ctrl】键的同时选中所有作为主键的字段，然后设置主键。其他表主键的设置方法同此方法，此处不再赘述。

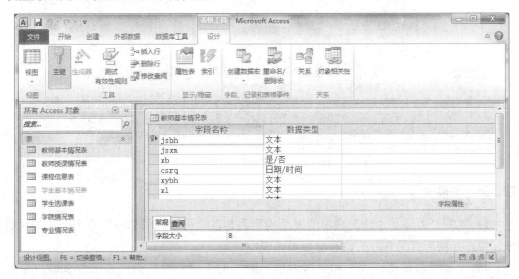

图 1-2-9　设置主键

2）在"教师授课情况表"的设计视图状态下，分别设置 jsbh 字段和 kch 字段的"索引"属性为"有（有重复）"；同样设置"学生选课表"中的 xsh 字段和 kch 字段的"索引"属性为"有（有重复）"。

3）设置好主键后，即可建立表间关系。单击"数据库工具"选项卡"关系"组中的"关系"按钮即可打开关系设计视图，并打开"显示表"对话框。将建立关系所需的表添加到关系视图中，将主表中的主键拖动到子表的外键上，即可打开"编辑关系"对话框，如图 1-2-10 所示。在该对话框中选中"实施参照完整性""级联更新相关字段""级联删除相关记录" 3 个复选框，并单击"联接类型"按钮。在打开的"联接属性"对话框中选中第三个单选按钮，以保证子表数据完全来自主表，然后单击"确定"按钮。所有关系编辑完成后，单击快速访问工具栏中的"保存"按钮保存关系。建立关系后，若要修改表的主键字段，则需先将关系删除，选择建立关系的表间连线，按【Delete】键即可。保存后也可对建立的关系进行编辑修改，选择关系连线，单击"关系工具-设计"选项卡"工具"组中的"编辑关系"按钮即可。

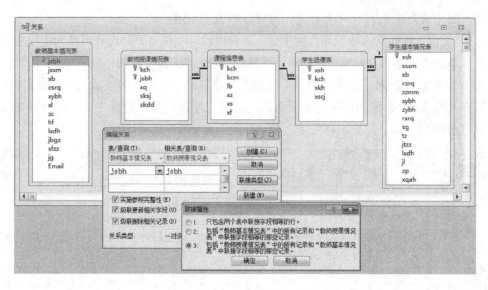

图 1-2-10　表间关系的建立

四、思考与操作

1）复制"教师基本情况表"的表结构，将其以"男教师信息表"命名，添加到数据库中，并将所有男教师的信息追加到该表中。

2）设置"学院情况表"和"专业情况表"的主键，并将两个表添加到数据库关系中。

五、习题

1. 选择题

1）一个工作人员可以使用多台计算机，而一台计算机可被多个人使用，则实体工作人员与实体计算机之间是（　　）联系。

　　A．一对一　　　　　B．一对多　　　　　C．多对多　　　　　D．多对一

2）一个教师可讲授多门课程，一门课程可由多个教师讲授，则实体教师与实体课程之间的是（　　）联系。

　　A．$1:1$　　　　　B．$1:m$　　　　　C．$m:1$　　　　　D．$m:n$

3）下列不能作为索引字段的数据类型是（　　）。

　　A．文本　　　　　B．数字　　　　　C．日期/时间　　　　　D．OLE 对象

4）在数据表视图中，不能进行的操作是（　　）。

　　A．删除一条记录　　　　　　　　　　B．修改字段的类型

　　C．删除一个字段　　　　　　　　　　D．修改字段的名称

5）关系数据库的数据及更新操作必须遵循（　　）等完整性规则。

    A．参照完整性和用户定义的完整性

    B．实体完整性、参照完整性和用户定义的完整性

    C．实体完整性和参照完整性

    D．实体完整性和用户定义的完整

6）对表中某字段建立索引时，若其值有重复，可选择（　　）索引。

    A．有（无重复）　　B．有（有重复）　　　C．无　　　　　　　D．主

7）主键的基本类型不包括（　　）。

    A．单字段主键　　　　　　　　　　B．多字段主键

    C．索引主键　　　　　　　　　　　D．自动编号主键

8）下列字段数据类型中没有预定义格式的是（　　）。

    A．自动编号　　　　　　　　　　　B．日期/时间

    C．货币　　　　　　　　　　　　　D．超链接

9）可以用于保存图像的字段数据类型是（　　）。

    A．OLE 对象　　　　　　　　　　　B．备注

    C．超链接　　　　　　　　　　　　D．查阅向导

10）在已经建立的数据表中，若在显示表中内容时使某些字段不能移动显示位置，可以使用的方法是（　　）。

    A．排序　　　　　B．筛选　　　　　　C．隐藏　　　　　D．冻结

11）下列关于输入掩码的叙述中，错误的是（　　）。

    A．定义字段的输入掩码时，既可以使用输入掩码向导，也可以直接使用字符

    B．定义字段的输入掩码，是为了设置密码

    C．输入掩码中的字符"0"表示可以选择输入数字 0~9 范围内的一个数

    D．直接使用字符定义输入掩码时，可以根据需要将字符组合起来

12）在满足实体完整性约束的条件下（　　）。

    A．一个关系中应该有一个或多个候选关键字

    B．一个关系中只能有一个候选关键字

    C．一个关系中必须有多个候选关键字

    D．一个关系中可以没有候选关键字

2．填空题

1）如果用户定义了表关系，则在删除主键之前，必须先将_____删除。

2）在 Access 2010 数据表中能够唯一标识每一条记录的字段称为_____。

3）在 Access 2010 中，_____命令可以获取外部数据。

4）在定义数据表的主键时，若要选择多个字段，需按下_____键。

5）对数据库表建立索引就是要指定记录的_____。

实验三 记录的编辑与管理

一、实验目的

1）掌握记录的输入方法及技巧。
2）掌握追加、删除、修改表记录的方法。
3）掌握排序与筛选记录的方法。
4）掌握表格格式化的设置方法。

二、实验内容

1）打开"学生基本情况表""教师基本情况表"，依照表 1-3-1、表 1-3-2、表 1-1-1 对已有的数据进行检查调整，并以正确的方式输入"是/否"型数据、"日期/时间"型数据、"备注"型数据和"OLE 对象"型数据。

表 1-3-1 "学生基本情况表"数据（1）

xsh	xsxm	xb	csrq	zzmm	xybh	zybh	rxrq
201501110101	孙立强	TRUE	1994/5/6	—	01	11	2015/9/1
201501110102	刘楠	TRUE	1995/1/10	党员	01	11	2015/9/1
201501110202	张茹新	FALSE	1995/8/21	党员	01	11	2015/9/1
201501110203	朱世增	TRUE	1994/12/23	党员	01	11	2015/9/1
201501110221	马琳琳	FALSE	1995/3/13	党员	01	11	2015/9/1
201501120101	赵绮丽	FALSE	1995/9/5	—	01	12	2015/9/1
201501120110	李敏	FALSE	1995/8/12	党员	01	12	2015/9/1
201501130114	徐燕	FALSE	1995/12/1	—	01	13	2015/9/1
201501130203	林欣福	TRUE	1995/12/1	—	01	13	2015/9/1
201501130306	王一	FALSE	1994/3/15	—	01	13	2015/9/1
201502210101	刘明	TRUE	1994/11/25	—	02	21	2015/9/1
201502210102	王国敏	FALSE	1995/3/15	—	02	21	2015/9/1
201502220201	孙希	TRUE	1994/3/3	党员	02	22	2015/9/1
201502220211	刘宇	TRUE	1994/10/21	党员	02	22	2015/9/1
201505510101	边疆	TRUE	1995/5/23	党员	05	51	2015/9/1
201505510102	何康勇	TRUE	1995/2/12	—	05	51	2015/9/1
201505510103	许晴	FALSE	1995/5/12	—	05	51	2015/9/1
201505510108	王天宇	TRUE	1995/3/6	—	05	51	2015/9/1

续表

xsh	xsxm	xb	csrq	zzmm	xybh	zybh	rxrq
201505510112	王义夫	TRUE	1994/12/1	—	05	51	2015/9/1
201506610104	吴雨霏	FALSE	1994/1/9	—	06	61	2015/9/1
201506610106	刘铭	TRUE	1995/3/6	党员	06	61	2015/9/1
201506610125	万古丽	FALSE	1995/6/7	—	06	61	2015/9/1
201506620102	李明翰	TRUE	1995/10/17	—	06	62	2015/9/1
201506620109	徐威	TRUE	1995/1/2	党员	06	62	2015/9/1
201506620121	王明宇	TRUE	1995/8/23	—	06	62	2015/9/1

表 1-3-2　"学生基本情况表"数据（2）

sg	tz	jtzz	lxdh	jl	xqah
180	70	吉林省通化市	1390453××××	—	篮球、排球、摄影
175	65	吉林省	—	—	足球
165	56	北京市公主坟	1869431××××	校三好学生	绘画、摄影、写作
175	65	吉林省长春市	0431-8533××××	—	乒乓球、羽毛球
165	60	吉林省	1564321××××	优秀学生干部	书法、音乐
160	50	山西孝义市	1875937××××	—	音乐、乒乓球
168	58	吉林省	—	校三好学生	舞蹈、音乐
160	50	吉林省	—	—	
173	75	吉林省长春市	1363890××××	—	书法
158	56	吉林市	—	—	书法、绘画
172	70	吉林省	—	—	乒乓球
163	51	吉林省吉林市	1517851××××	—	音乐、摄影
176	63	吉林省白山市	1350735××××	优秀学生干部	演讲
178	68	吉林省	1564321××××	校三好学生	羽毛球、排球
178	72	吉林省敦化市	1303051××××	—	羽毛球、乒乓球
170	63	辽宁省鞍山市	1564321××××	—	摄影、足球
164	52	吉林省舒兰市	1564321××××	—	舞蹈、音乐
180	67	吉林省	1564321××××	—	篮球、排球
173	60	吉林省	1564321××××	—	足球
167	58	安徽省	1599639××××	—	绘画、舞蹈
182	65	吉林省	1564321××××	优秀学生干部	音乐、篮球
168	55	吉林省	1564321××××	—	舞蹈、音乐
168	67	吉林省通榆县	0431-6857××××	—	书法、摄影
177	64	吉林省	1564321××××	优秀学生干部	羽毛球、演讲
176	61	吉林省	1564321××××	—	书法

2）依据表 1-3-3～表 1-3-7 依次输入"课程信息表"、"教师授课情况表"、"学生选课表"、"学院情况表"和"专业情况表"的数据。

表 1-3-3 "课程信息表"数据

kch	kcm	lb	xz	xs	xf
02000001	大学语文	考查	选修	54	3
02000002	文学欣赏	考查	选修	36	2
02000003	中国古代史	考试	必修	54	3
03000001	高等数学	考试	必修	72	4
03000002	离散数学	考试	必修	60	3
03000015	线性代数	考试	必修	72	4
04000026	大学英语	考试	必修	72	4
05000001	大学计算机基础	考试	必修	64	3
05000002	高级语言程序设计	考试	必修	54	2.5
05000006	教育技术基础	考查	必修	36	2
05000011	多媒体技术	考查	选修	36	1
06000001	马克思主义经济学	考试	必修	60	4
06000002	马克思主义哲学	考试	必修	60	4
06000003	毛泽东思想概论	考试	必修	60	4

表 1-3-4 "教师授课情况表"数据

kch	jsbh	xq	sksj	skdd
03000001	000316	2015 冬季	星期五第一大节	202
03000015	000314	2015 冬季	星期一第四大节	102
03000015	000316	2015 冬季	星期二第四大节	102
04000026	000117	2015 冬季	星期一第一大节	101
04000026	000124	2015 冬季	星期二第二大节	301
05000001	000208	2015 冬季	星期一第二大节	102
05000001	000213	2015 冬季	星期二第一大节	101
05000001	000218	2015 冬季	星期一第三大节	102
05000002	000208	2015 冬季	星期四第三大节	102
05000002	000213	2015 冬季	星期五第二大节	201
05000002	000218	2015 冬季	星期三第二大节	101
05000006	000226	2015 冬季	星期二第三大节	201
05000006	000228	2015 冬季	星期三第一大节	202
05000011	000226	2015 冬季	星期五第一大节	201
05000011	000228	2015 冬季	星期四第四大节	301

表 1-3-5 "学生选课表"数据

xsh	kch	xkh	xscj
201501110101	04000026	a4260124	58

续表

xsh	kch	xkh	xscj
201501110101	05000001	b5010208	83.5
201501110101	05000002	b5020213	77
201501110202	05000001	b5010208	67
201501110202	05000002	b5020213	56.5
201502210102	04000026	a4260117	92
201502220201	03000015	c3150316	76
201502220201	04000026	a4260117	49
201502220201	05000011	b5110228	93
201505510101	03000015	c3150314	89
201505510102	03000015	c3150314	49
201505510102	05000001	b5010208	73
201505510103	04000026	a4260117	89
201506620102	03000015	c3150316	73
201506620102	04000026	a4260117	65
201506620102	05000011	b5110228	82.5

表 1-3-6 "学院情况表"数据

xybh	xymc	xyfzr	ybdh
01	理学院	李宇	64608238
02	文学院	王明远	64609156
03	美术学院	张天翼	64608215
04	政法学院	蔡志丽	64607439
05	信息技术学院	宋邵晨	64608178
06	计算机学院	孙明亮	64605275
07	机械学院	王天佑	64605789
08	护理学院	刘远征	64608178
09	电气学院	胡玉梅	64605357
10	体育学院	王林	64605651

表 1-3-7 "专业情况表"数据

zybh	zymc	xybh
11	数学与应用数学	01
12	物理学	01
13	化学	01
21	中文	02
22	历史	02
51	教育技术学	05

续表

zybh	zymc	xybh
61	计算机科学与技术	06
62	软件科学	06

3）在"教师基本情况表"中进行新记录的添加与删除。

4）数据的排序与筛选。

① 按 xybh 字段升序和 zc 字段降序对"教师基本情况表"中的记录进行排序。

② 筛选 zc 字段值为"副教授"、jbgz>=2000 的数据，并按 csrq 字段升序进行排序。

5）数据表格式化。调整"学生基本情况表"的外观，包括调整字段显示宽度和高度、隐藏列和显示列、冻结列、设置数据表格式及改变字体显示。最终格式化效果如图 1-3-1 所示。

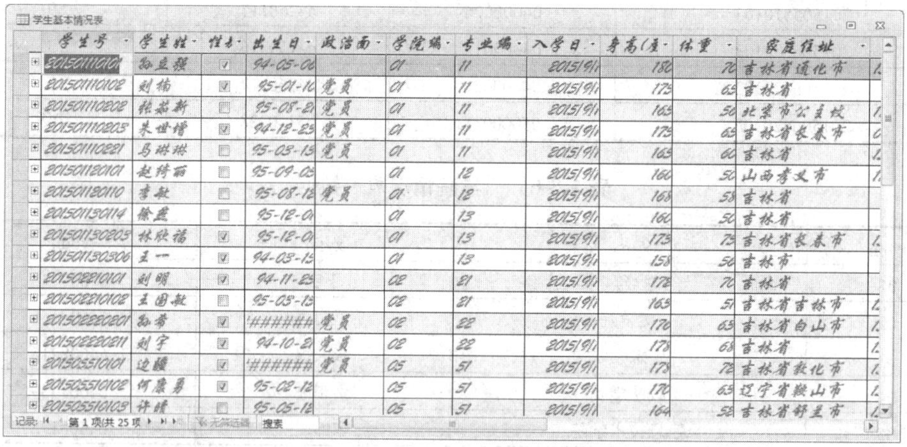

图 1-3-1　数据表格式化效果

① 将"学生基本情况表"的行高设置为"18"，列宽设置为"最佳匹配"。

② 将"学生基本情况表"中的 xsxm 字段冻结。

③ 隐藏"学生基本情况表"中的 rxrq、sg 及 tz 字段，使之在数据表视图中不显示。

④ 将"学生基本情况表"的单元格字体设置为"华文行楷""倾斜"，字号设置为16，字体颜色为"红色"。

⑤ 将"学生基本情况表"的单元格效果设置为"凸起"，背景色设置为"浅蓝1"，替代背景色设置为"白色"。

三、实验步骤

注意：输入表的数据时，应首先输入实体表中的数据，然后按照关系发生的顺序输入关系表中的数据。因为本系统中需要先有学生、教师及课程信息，然后由教师选择授课内容，最后才由学生选择教师及课程。因此，需要参照"教师基本情况表"和"课程信息表"输入"教师授课情况表"中的数据，参照"教师授课情况表"和"学生基本情况表"输入"学生选课表"中的数据，否则后面为表和表之间建立关系时会出错。

1. 数据的输入

在导航窗格中双击"学生基本情况表"，以数据表视图的方式打开表，如图1-3-2所示。因该表已与"学生选课表"建立关联，因此，可通过单击记录左侧的"+"展开子表，同时输入与维护两个表中的数据。设置"是/否"型数据，可通过单击的方式选择，选中出现"√"，则值为"是"，为空则为"否"；设置"日期/时间"型数据，可通过单击单元格右侧的"日历框"进行选取；设置"OLE 对象"型数据，可在单元格中右击，在弹出的快捷菜单中选择"插入对象"选项，在打开的对话框中选择已有对象或新建对象，如图1-3-3所示。也可以将字段设置成"📎附件"类型，以附件文件作为字段值。

图 1-3-2 数据的输入

图 1-3-3 "OLE 对象"型数据的选取

数据添加成功后，在数据表视图中可见"学生基本情况表"中的"照片"字段内出现一个 Bitmap Image 的内容标志。在表的浏览窗口，若要查看 OLE 类型的内容，只需双击该标志，即可打开 OLE 对象。

其他表数据的输入同此方法，此处不再赘述。

2. 在"教师基本情况表"中进行新记录的添加与删除

1）双击导航窗格中的"教师基本情况表"，进入数据表视图，可通过图 1-3-4 所示的 5 种方法向表中追加新记录（此 5 种方法在主教材中已详细讲解，这里不再给出具体的操作步骤），因数据库中记录的顺序对记录操作无影响，因此新记录均被添加到文件尾。

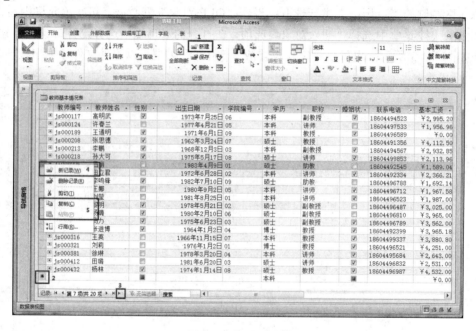

图 1-3-4　添加新记录

2）要删除记录，可右击要删除的记录，在弹出的快捷菜单中选择"删除记录"选项，或选中记录，单击"开始"选项卡"记录"组中的"删除"按钮即可。

3. 数据的排序与筛选

1）排序。打开"教师基本情况表"的数据表视图，单字段排序时，只需选择字段，然后单击"开始"选项卡"排序和筛选"组中的快速排序按钮，或右击要排序的字段，在弹出的快捷菜单中选择"升序"选项或"降序"选项即可，如图 1-3-5 所示。如图 1-3-6 所示，按 xybh 字段升序和 zc 字段降序对"教师基本情况表"中的记录进行排序，结果如图 1-3-7 所示。

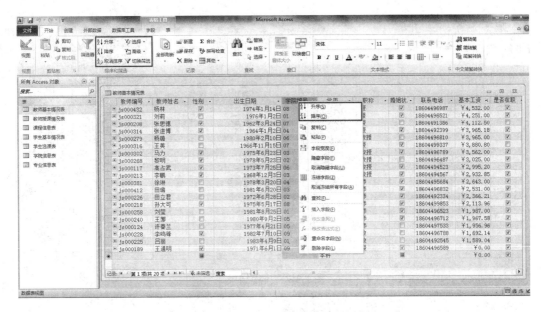

图 1-3-5 快速排序

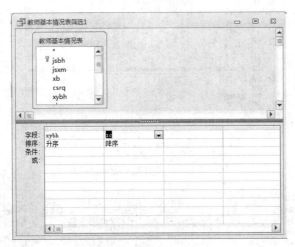

图 1-3-6 高级排序

2）选择 zc 字段，单击"开始"选项卡"排序和筛选"组中的"高级"下拉按钮，在弹出的下拉列表中选择"高级筛选/排序"选项，在高级筛选窗口中设置 zc 字段的值为"副教授"，设置 jbgz 的条件为"＞=2000"，并按 csrq 字段"升序"排序，如图 1-3-8 所示。单击"开始"选项卡"排序和筛选"组中的"切换筛选"按钮可以看到筛选排序的结果，如图 1-3-9 所示。

教师基本情况表									
教师编号	教师姓名	性别	出生日期	学院编号	学历	职称	婚姻状	联系电话	基本工资
js000225	吕丽	□	1983年4月9日	01	硕士	助教		1860449××××	￥1,589.04
js000321	刘莉	□	1976年1月2日	01	博士	教授	☑	1860449××××	￥4,251.00
js000258	刘莹	□	1981年8月25日	01	本科	讲师	☑	1860449××××	￥1,987.00
js000226	田立君	□	1972年6月28日	02	本科	讲师	☑	1860449××××	￥2,366.21
js000268	黎明	☑	1978年5月23日	02	硕士	副教授	□	1860449××××	￥3,025.00
js000412	田璐	□	1981年6月20日	03	硕士	讲师	☑	1860449××××	￥2,531.00
js000213	李鹏	☑	1968年12月3日	03	本科	副教授	☑	1860449××××	￥2,932.85
js000302	马力	☑	1975年6月23日	03	硕士	副教授	☑	1860449××××	￥3,562.00
js000314	张进博	☑	1964年1月2日	04	博士	教授	☑	1860449××××	￥3,965.18
js000381	徐琳	□	1978年3月20日	04	本科	讲师	☑	1860449××××	￥2,643.00
js000124	许春兰	□	1977年4月21日	05	本科	讲师	□	1860449××××	￥1,956.96
js000240	王郦	□	1980年9月2日	05	硕士	讲师	☑	1860449××××	￥1,967.58
js000117	高明武	☑	1973年7月25日	06	本科	副教授	☑	1860449××××	￥2,995.20
js000279	杨璐	□	1980年2月10日	06	硕士	副教授	☑	1860449××××	￥3,965.00
js000208	张思德	☑	1962年3月24日	07	硕士	教授	☑	1860449××××	￥4,112.50
js000316	王英	□	1966年11月15日	07	本科	教授	☑	1860449××××	￥3,880.80
js000432	杨林	☑	1974年1月14日	08	硕士	教授	☑	1860449××××	￥4,532.00
js000218	孙大可	☑	1975年5月17日	08	硕士	讲师	☑	1860449××××	￥2,113.96
js000228	李鸣峰	☑	1982年7月10日	09	硕士	助教	□	1860449××××	￥1,692.14
js000189	王通明	☑	1971年6月1日	09	本科	教授	☑	1860449××××	￥0.00
		□			本科		□		￥0.00

记录： 第1项(共20项) 无筛选器 搜索

图 1-3-7　排序结果

图 1-3-8　设置高级筛选与排序

图 1-3-9　高级筛选排序结果

4. 数据表格式化

1）在"学生基本情况表"数据表视图中，单击行和列的交汇处，选择全部单元格，单击"开始"选项卡"记录"组中的"其他"下拉按钮，在弹出的下拉列表中分别选择"行高"选项和"列宽"选项，并设置行高为 18，列宽则为"最佳匹配"，如图 1-3-10 所示。

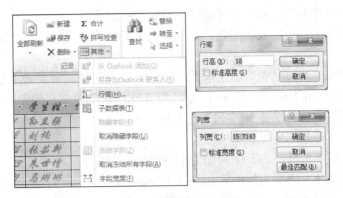

图 1-3-10　设置行高列宽

2）选中"学生基本情况表"中的 xsxm 字段并右击，在弹出的快捷菜单中或"其他"下拉列表中选择"冻结字段"选项。

3）选中"学生基本情况表"中的 rxrq、sg 及 tz 字段，右击，在弹出的快捷菜单中或"其他"下拉列表中选择"隐藏字段"选项，用同样方式可取消隐藏。

4）在"学生基本情况表"数据表视图中，在"开始"选项卡"文本格式"组中，将字体设置为"华文行楷""倾斜"，将字号设置为 16，字体颜色设置为"红色"，如图 1-3-11 所示。

5）单击"文本格式"组中的 按钮，在打开的图 1-3-12 所示的"设置数据表格式"对话框中，设置单元格效果为"凸起"，背景色选择"浅蓝 1"选项，替代背景色选择"白色"选项。最终格式化效果如图 1-3-1 所示。

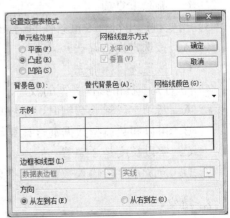

图 1-3-11　"文本格式"组　　　　　图 1-3-12　"设置数据表格式"对话框

四、思考与操作

1）对"教师基本情况表"中的记录进行筛选。

① 从"教师基本情况表"中筛选出已婚的教师记录。

② 从"教师基本情况表"中筛选出已婚的、职称为"教授"或"副教授"的教师记录。

2）对"教师基本情况表"创建索引，对 jsbh 字段创建"有（无重复）"索引。

3）对"教师基本情况表"中的 zc 字段和 jbgz 字段创建多字段索引，按降序排列。

4）将"课程信息表"按 xs 字段进行升序排列。

5）调整"教师基本情况表"的外观。

① 将"教师基本情况表"中的 hf 字段列隐藏、显示。

② 将"教师基本情况表"中的 jsxm 字段列冻结。

③ 将"教师基本情况表"的单元格效果设置为凸起。

④ 将"教师基本情况表"的字体设置为蓝色、隶书、加粗、四号字，并调整相应的行高和列宽。

五、习题

1. 选择题

1）对数据表进行格式化操作是为了（   ）。
    A. 打印输入
                B. 让数据看起来美观
    C. 修改数据结构
                D. 对数据库进行格式化

2）下列选项中不属于数据操作范围的是（   ）。
    A. 添加新记录
                B. 按姓名升序排列
    C. 删除重复项
                D. 添加性别字段

3）当要挑选出符合多重条件的记录时，应选用的筛选方法是（   ）。
    A. 按选定内容筛选
          B. 按窗体筛选
    C. 按筛选目标筛选
          D. 高级筛选

4）下列关于货币数据类型的叙述，错误的是（   ）。
    A. 货币字段输入数据时，系统自动将其设置为 4 位小数
    B. 可以和数值型数据混合计算，结果为货币型
    C. 字段长度是 8 字节
    D. 向货币字段输入数据时，不必输入美元符号和千位分隔符

2. 填空题

1）用户对记录经常使用的基本操作有_____、_____、_____、_____、

_____。

2）数据库管理员通常在_____视图中对数据进行维护。

3）筛选是指对数据的_____按_____进行筛选。

4）对记录依据多字段排序需要使用_____功能。

实验四　查询的创建与使用

一、实验目的

1）掌握利用设计视图创建多表的选择查询，并设置查询条件的方法。
2）掌握使用向导创建查询的方法。
3）掌握在设计视图中创建参数查询的方法。
4）掌握在设计视图中创建操作查询的方法。
5）掌握在选择查询中对记录进行分组、总计的方法。
6）掌握在查询设计视图中添加计算字段的方法。

二、实验内容

根据图 1-4-1 可知，教务管理人员可以通过创建各种窗体和报表来实现对各管理模块中相关信息的统计和查询，这就需要在此之前创建相应功能的查询对象作为窗体和报表的数据源。各模块中数据的查询需求分析如下。

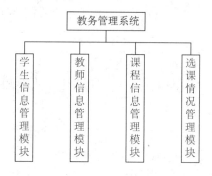

图 1-4-1　教务管理系统主要的功能模块

1）在学生信息管理模块中，希望通过不同方式对学生各种基本信息进行浏览，如查看全体学生党员的信息、按指定姓名或班级动态查看相关学生信息等；还希望对学生信息做批量修改，如学生入党后，要将其政治面貌更新。

2）在教师信息管理模块中，希望通过不同方式对教师基本信息进行浏览，如按姓名或按职称查询；还希望实现对教师授课信息的查询，如查看任相同课程教师的信息、无课教师的信息、教师授课的工作量统计等。

3）在课程信息管理模块中，希望通过不同方式对课程基本信息进行浏览，如按课程编号、按课程名称查询等。

4）在选课情况管理模块中，希望通过不同方式对选课信息进行浏览，如查看学生选课情况、统计每位学生累计所选课程的门数；还希望以多种方式对学生成绩进行查询，如查询每位学生各门课程的成绩及总成绩、按班级查询不及格学生的信息等。

根据这些需求，将创建各种类型的查询，部分查询设计过程可参考相应的实验步骤。

三、实验步骤

1. 设置学生信息管理模块

（1）学生家庭住址信息查询

以"学生基本情况表"为数据源，利用查询设计视图创建一个名为"吉林省学生信息查询"的查询。

具体操作步骤如下。

1）在数据库窗口中单击"创建"选项卡"查询"组中的"查询设计"按钮，打开查询设计视图窗口，同时打开图 1-4-2 所示的"显示表"对话框。

2）在"显示表"对话框的"表"选项卡中选择"学生基本情况表"选项，单击"添加"按钮，然后单击"关闭"按钮关闭"显示表"对话框。

3）双击表字段列表中的"*"，将所有字段添加到设计网格中，如图 1-4-3 所示。

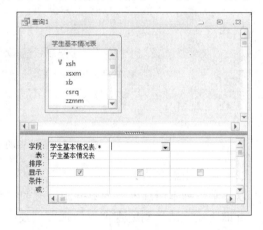

图 1-4-2　"显示表"对话框　　　　图 1-4-3　选择所有字段添加到设计网格

4）在表字段列表中双击 jtzz 字段，将其添加到设计网格中，然后取消选中该字段的"显示"行中的复选框，并设置该字段的条件表达式为"Like "吉林省*""，如图 1-4-4 所示。

5）单击快速访问工具栏中的"保存"按钮，在打开的"另存为"对话框中输入查询的名称"吉林省学生信息查询"，单击"确定"按钮保存查询。然后单击"查询工具-设计"选项卡"结果"组中的"运行"按钮，运行查询的结果如图 1-4-5 所示。

图 1-4-4　查询条件的设置

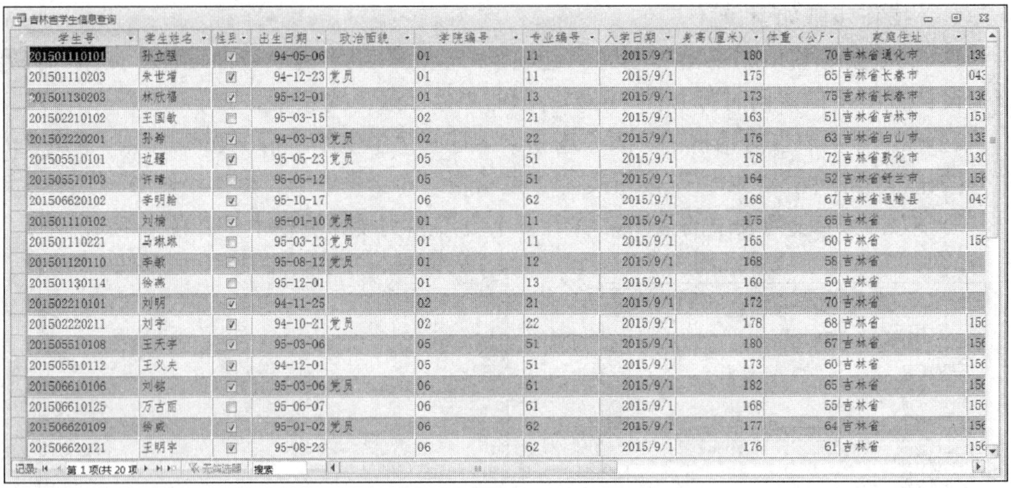

图 1-4-5　吉林省的学生信息查询

（2）按学生姓名查询

以"学生基本情况表"为数据源，查询结果中包括该数据源中的全部字段，按照上一个查询所述方法，利用查询设计视图创建一个名为"按学生姓名查询"的查询。

具体操作步骤如下。

1）双击表字段列表中的"*"，将所有字段添加到设计网格中，然后双击 xsxm 字段，将其添加到设计网格中，取消选中该字段的"显示"行中的复选框，并设置该字段的条件表达式为"[请输入学生姓名：]"，如图 1-4-6 所示。

2）单击快速访问工具栏中的"保存"按钮，在打开的"另存为"对话框中输入查询的名称"按学生姓名查询"，单击"确定"按钮保存查询。单击"查询工具-设计"选项卡"结果"组中的"运行"按钮，运行查询时会打开图 1-4-7 所示的"输入参数值"

对话框，在"请输入学生姓名："文本框中输入想要查询的学生姓名，如"刘楠"，然后单击"确定"按钮，即可得到图1-4-8所示的查询结果。

图 1-4-6 参数查询条件   图 1-4-7 "输入参数值"对话框

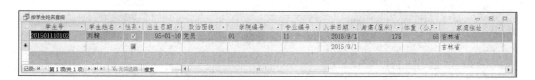

图 1-4-8 按学生姓名查询结果

（3）更新学生信息查询

以"孙立强"同学（xsh为201501110101）入党为例，更新其基本信息。

具体操作步骤如下。

1）在数据库窗口中单击"创建"选项卡"查询"组中的"查询设计"按钮，打开查询设计视图和"显示表"对话框，在"显示表"对话框中选择数据源表"学生基本情况表"，然后单击"关闭"按钮关闭"显示表"对话框。

2）单击"查询工具-设计"选项卡"查询类型"组中的"更新"按钮，在设计网格中增加一个"更新到"行。然后在设计视图上部的表字段列表中双击zzmm字段和xsh字段，将它们添加到设计网格中。

3）在设计网格的zzmm字段的"更新到"行中输入"[请输入新的政治面貌：]"，在xsh字段的"条件"行中输入"[请输入学生号：]"，如图1-4-9所示。

4）单击快速访问工具栏中的"保存"按钮，在打开的"另存为"对话框中输入查询的名称"更新学生信息"，单击"确定"按钮保存查询。单击"查询工具-设计"选项卡"结果"组中的"运行"按钮，打开图1-4-10所示的"输入参数值"对话框，在"请输入新的政治面貌"文本框中输入"党员"，然后单击"确定"按钮，打开图1-4-11所示的"输入参数值"对话框，在"请输入学生号："文本框中输入学生号 "201501110101"，单击"确定"按钮，弹出图 1-4-12 所示的更新查询更新提示框，单击"是"按钮即可完成对"学生基本情况表"的更新操作。再次打开"学生基本情况表"，即可看到图 1-4-13 所示的更新查询后的结果。

图 1-4-9　在查询设计视图中添加更新条件

图 1-4-10　更新查询中输入更新参数

图 1-4-11　更新查询中输入更新条件

图 1-4-12　更新查询更新提示框

图 1-4-13　更新查询后的结果

（4）生成学生党员信息表

具体操作步骤如下。

1）在数据库窗口中单击"创建"选项卡"查询"组中的"查询设计"按钮，打开查询设计视图和"显示表"对话框，在"显示表"对话框中选择数据源表"学生基本情况表"，然后单击"关闭"按钮关闭"显示表"对话框。

2）单击"查询工具-设计"选项卡"查询类型"组中的"生成表"按钮，打开图1-4-14所示的"生成表"对话框，在"表名称"文本框中输入新生成的表的名称"党员学生信息表"，然后单击"确定"按钮。

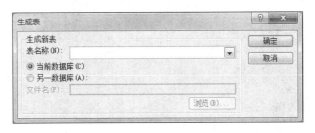

图1-4-14　"生成表"对话框

3）双击"学生基本情况表"字段列表中的"*"和zzmm字段，将它们添加到设计网格中，并在zzmm列的"条件"行中输入""党员""，同时取消选中该列"显示"行中的复选框，如图1-4-15所示。

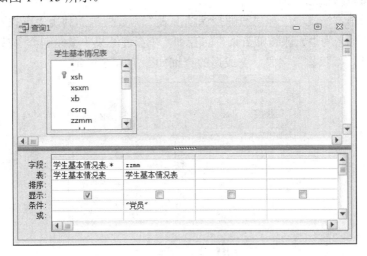

图1-4-15　生成表查询设计视图条件设置

4）单击快速访问工具栏中的"保存"按钮，在打开的"另存为"对话框中输入查询的名称"党员学生信息表"，单击"确定"按钮保存查询。单击"查询工具-设计"选项卡"结果"组中的"运行"按钮，弹出图1-4-16所示的提示框，然后单击"是"按钮即可完成生成表操作。再次打开"党员学生信息表",即可看到新生成的表结果,如图 1-4-17 所示。

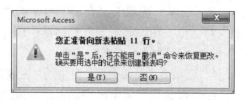

图 1-4-16 生成表查询提示框

xsh	xsxm	xb	csrq	zzmm	xybh	zybh	rxrq	sg	tz	jtzz	lxdh	jl
20150111010	孙立强	-1	1994/5/6	党员	01	11	2015/9/1	180	70	吉林省通化市	1390453××××	
20150111020	张茹新	0	1995/8/21	党员	01	11	2015/9/1	165	56	北京市公主坟	1869431××××	校三好学生
20150111020	朱世增	-1	1994/12/23	党员	01	11	2015/9/1	175	65	吉林省长春市	0431-85××××	
20150222020	孙希	-1	1995/3/3	党员	02	22	2015/9/1	176	63	吉林省白山市	1350735××××	优秀学生会
20150551010	边疆	-1	1995/5/23	党员	05	51	2015/9/1	178	72	吉林省敦化市	1303051××××	
20150111010	刘楠	-1	1995/1/10	党员	01	11	2015/9/1	175	65	吉林省		
20150111020	马琳琳	0	1995/3/13	党员	01	11		165	60	吉林省	1564321××××	校三好学生
20150112011	李敦	-1	1995/8/12	党员	01	12		168	58	吉林省	1564321××××	校三好学生
20150222021	刘宇	-1	1994/10/21	党员	02	22		168	64	吉林省	1564321××××	优秀学生会
20150661010	刘铭	-1	1995/3/6	党员	06	61		182	65	吉林省	1564321××××	优秀学生会
20150662010	徐威	-1	1995/1/2	党员	06	62		177	64	吉林省	1564321××××	优秀学生会

图 1-4-17 生成表查询运行后生成的党员学生信息表

2. 设置教师信息管理模块

(1) 无课教师信息查询

以"教师基本情况表"和"教师授课情况表"为数据源,利用"查找不匹配项查询向导"创建一个名为"无课教师查询"的查询,在查询结果中要求包含"教师编号""教师姓名""学历""职称"字段,完成后的查询如图 1-4-18 所示。

教师编号	教师姓名	学历	职称
js000225	吕丽	硕士	助教
js000240	王郦	本科	讲师
js000258	刘莹	本科	讲师
js000268	黎明	硕士	副教授
js000302	马力	硕士	副教授
js000381	徐琳	本科	讲师
js000412	田璐	硕士	讲师
js000279	杨璐	硕士	副教授
js000321	刘莉	博士	教授
js000432	杨林	硕士	教授
js000189	王通明	本科	教授

图 1-4-18 无课教师查询

具体操作步骤如下。

1) 在数据库窗口中单击"创建"选项卡"查询"组中的"查询向导"按钮,打开"新建查询"对话框,如图 1-4-19 所示。

2）选择"查找不匹配项查询向导"选项，然后单击"确定"按钮，打开"查找不匹配项查询向导"对话框。

3）在"查找不匹配项查询向导"对话框中，选择用于搜寻不匹配项的表或查询，这里选择"表：教师基本情况表"选项，如图1-4-20所示。

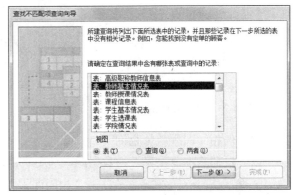

图 1-4-19　"新建查询"对话框（1）　　　　图 1-4-20　确定查询结果所使用的表

4）单击"下一步"按钮，在打开的对话框中选择哪个表或查询包含相关记录，这里选择"表：教师授课情况表"选项，如图1-4-21所示。

5）单击"下一步"按钮，在打开的对话框中确定在两个表中都有的信息，如两个表中都有 jsbh 字段，如图1-4-22所示，在两个表中选择匹配的字段，然后单击 ⇐ 按钮。

图 1-4-21　确定包含相关记录的表　　　　图 1-4-22　确定两个表的共有信息

6）单击"下一步"按钮，在打开的对话框中选择查询结果中所需的字段，如图1-4-23所示。

7）单击"下一步"按钮，在打开的对话框中输入查询的名称"无课教师查询"，并选择需要的选项，如图1-4-24所示，然后单击"完成"按钮，完成查询的创建。查询出不匹配项的结果如图1-4-18所示。

图 1-4-23　选择查询结果中所需的字段

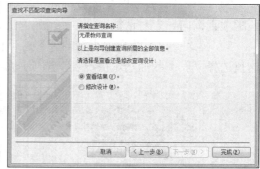

图 1-4-24　指定查询的名称

（2）任相同课程教师查询

以"教师基本情况表"为数据源，利用"查找重复项查询向导"创建一个名为"任相同课程教师查询"的查询。

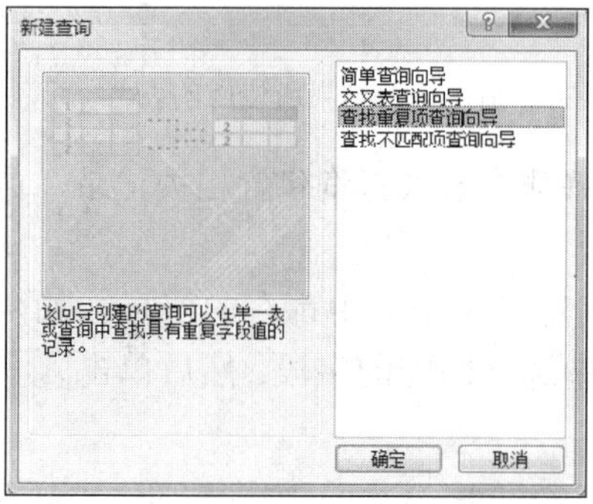

图 1-4-25　"新建查询"对话框（2）

具体操作步骤如下。

1）在数据库窗口中单击"创建"选项卡"查询"组中的"查询向导"按钮，打开"新建查询"对话框，如图 1-4-25 所示。

2）选择"查找重复项查询向导"选项，然后单击"确定"按钮，打开"查找重复项查询向导"对话框。

3）在"查找重复项查询向导"对话框中，选择用于搜寻重复字段值的表或查询，这里选择"表：教师授课情况表"选项，如图 1-4-26 所示。

4）单击"下一步"按钮，在打开的对话框中确定包含重复信息的字段，如图 1-4-27 所示。

图 1-4-26　确定搜寻重复字段的表

图 1-4-27　确定包含重复信息的字段

5）在"可用字段"列表框中选择 kch 字段，单击 ▶ 按钮，即可将该字段移到"重复值字段"列表框中，如图 1-4-28 所示。

6）单击"下一步"按钮，在打开的对话框中的"可用字段"列表框中选择 jsbh 字段，单击 ▶ 按钮，即可将该字段移到"另外的查询字段"列表框中，如图 1-4-29 所示。

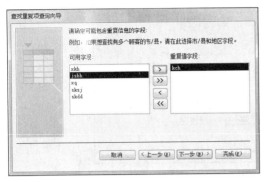

图 1-4-28　确定重复值字段

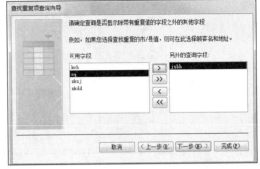

图 1-4-29　确定另外的查询字段

7）单击"下一步"按钮，在打开的对话框中的"请指定查询的名称"文本框中输入"任相同课程教师查询"，如图 1-4-30 所示，单击"完成"按钮，结束查询的创建，并查看查询结果，如图 1-4-31 所示。

图 1-4-30　指定查询的名称

图 1-4-31　查询结果（1）

3．设置选课情况管理模块

（1）学生选课查询

具体操作步骤如下。

1）打开"教务管理系统"数据库，单击"创建"选项卡"查询"组中的"查询设计"按钮，打开查询设计视图和"显示表"对话框，如图 1-4-32 所示。

图 1-4-32　查询设计视图中的"显示表"对话框

2）在"显示表"对话框中依次选择查询所需要的数据来源表，分别为"学生基本情况表""学生选课表""教师授课情况表""课程信息表""教师基本情况表"，并单击"添加"按钮，将它们分别添加到查询设计视图中，然后关闭"显示表"对话框，如图 1-4-33 所示。

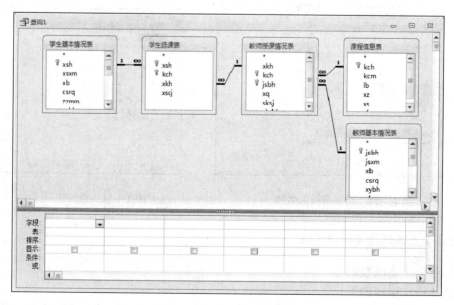

图 1-4-33　确定数据源的查询设计视图

3）在设计网格中的"字段"行中分别选择各列所要显示的字段内容，分别为"学生基本情况表"中的 xsh、xsxm 字段,"课程信息表"中的 kcm 字段,"教师基本情况表"中的 jsxm 字段,"学生选课表"中的 xscj 字段,如图 1-4-34 所示。

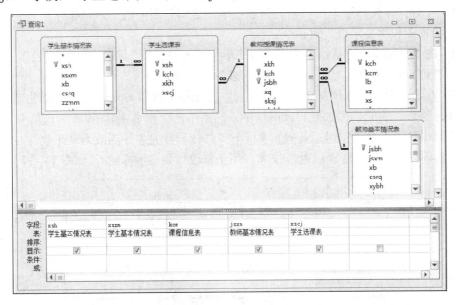

图 1-4-34　设计完成的查询设计视图

4)单击快速访问工具栏中的"保存"按钮,在打开的"另存为"对话框中输入所建查询的名称"学生选课查询",如图 1-4-35 所示,单击"确定"按钮,结束该查询的创建过程。

5)单击"查询工具-设计"选项卡"结果"组中的"运行"按钮,或切换到查询的数据表视图查看该查询的运行结果,如图 1-4-36 所示。

图 1-4-35　"另存为"对话框　　　　图 1-4-36　查询结果(2)

（2）学生累计选课门数查询

具体操作步骤如下。

1）在数据库窗口中单击"创建"选项卡"查询"组中的"查询设计"按钮，打开查询设计视图和"显示表"对话框。

2）在"显示表"对话框中依次选择"学生基本情况表"和"学生选课表"，将它们添加到查询设计视图中，然后关闭"显示表"对话框。

3）双击"学生基本情况表"字段列表中的 xsh 字段和 xsxm 字段、"学生选课表"中的 xkh 字段，将它们添加到设计网格中。然后单击"查询工具-设计"选项卡"显示/隐藏"组中的"汇总"按钮，将 xkh 字段下"总计"行的总计项改为"计数"，并在 xkh 字段名称前添加"累计选课门数:"文本（用于修改该列显示标题），如图 1-4-37 所示。

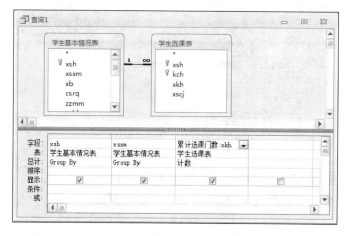

图 1-4-37　查询设计视图

4）单击快速访问工具栏中的"保存"按钮，在打开的"另存为"对话框中输入查询名称"学生累计选课门数"，单击"确定"按钮，完成查询的设计过程。

5）单击"查询工具-设计"选项卡"结果"组中的"运行"按钮，或切换到查询的数据表视图查看该查询的运行结果，如图 1-4-38 所示。

学生号	学生姓名	累计选课门数
201501110101	孙立强	3
201501110202	张茹新	2
201502210102	王国敏	2
201502220201	孙希	3
201505510101	边疆	1
201505510102	何康勇	2
201505510103	许晴	1
201506620102	李明翰	3

记录：◀ 第1项(共8项) ▶ ▶ 　 无筛选器　 搜索

图 1-4-38　查询结果（3）

（3）学生成绩查询

具体操作步骤如下。

1）打开"教务管理系统"数据库，单击"创建"选项卡"查询"组中的"查询向导"按钮，打开"新建查询"对话框，如图 1-4-39 所示。

2）在"新建查询"对话框中选择"交叉表查询向导"选项，单击"确定"按钮，打开"交叉表查询向导"对话框，如图 1-4-40 所示。

图 1-4-39 "新建查询"对话框（3）

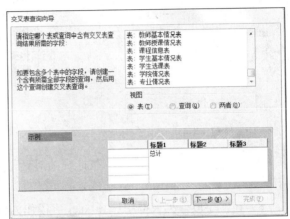

图 1-4-40 "交叉表查询向导"对话框

3）在数据源列表框中选择"查询：学生选课查询"选项，并选中"视图"组中的"查询"单选按钮，如图 1-4-41 所示。

4）单击"下一步"按钮，在打开的对话框中选择可用字段，如图 1-4-42 所示。

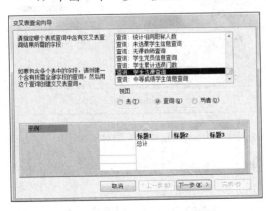

图 1-4-41 确定查询的数据源

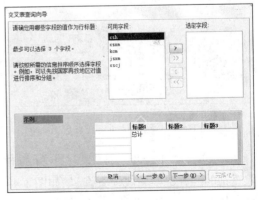

图 1-4-42 选择可用字段

5）在"可用字段"列表框中选择 xsxm 字段，单击 ＞ 按钮，将其移到"选定字段"列表框中，使其成为该交叉表查询的行标题，如图 1-4-43 所示。

6）单击"下一步"按钮，确定列标题，如图 1-4-44 所示，在列表框中选择 kcm 字段作为该交叉表查询的列标题。

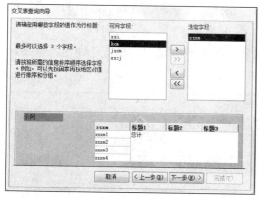 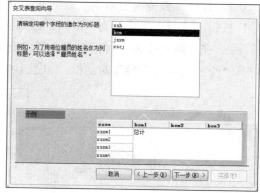

图 1-4-43　选定行标题　　　　　　　　　图 1-4-44　确定列标题

7）单击"下一步"按钮，在打开的对话框中确定行列交叉点数据，如图 1-4-45 所示。

8）在"字段"列表框中选择 xscj 字段作为该交叉表查询行列交叉点上被计算的对象，在"函数"列表中选择 Sum 求和函数，如图 1-4-46 所示。

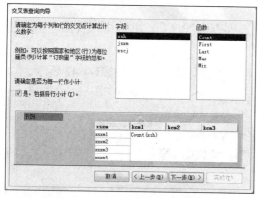

图 1-4-45　确定行列交叉点数据　　　　　图 1-4-46　确定被计算的对象和计算方式

9）单击"下一步"按钮，在打开的对话框中的"请指定查询的名称"文本框中输入查询的名称"学生成绩查询"，如图 1-4-47 所示。

10）单击"完成"按钮，结束查询的创建过程。查看该查询的运行结果，如图 1-4-48 所示。

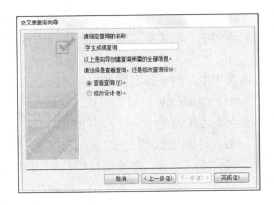

图 1-4-47　为查询指定名称

学生姓名	总计 xscj	大学计算机	大学英语	多媒体技术	高级语言程	线性代数
边疆	80					80
何康勇	122	73				49
李玥翰	220.5		65	82.5		73
孙立强	218.5	83.5	58		77	
孙希	218		49	93		76
王国敏	92		92			
许靖	89		89			
张茹新	123.5	67			56.5	

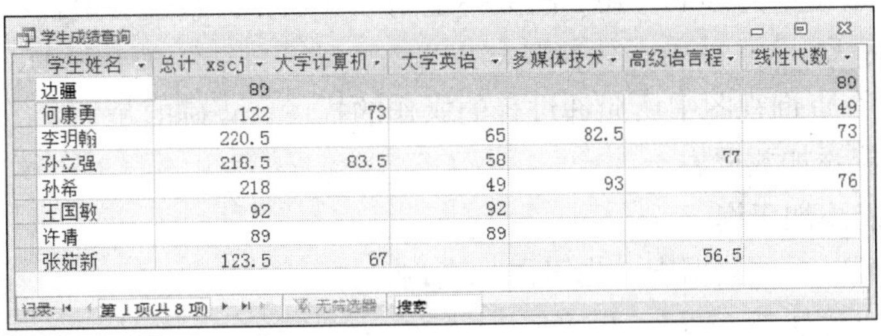

图 1-4-48　查询结果（4）

四、思考与操作

1）创建一个“按班级查询学生信息”的查询，要求能够按照系统管理员所指定的班级名称进行查询。

2）查询各专业的学生人数。

3）根据用户输入的专业名称，删除该专业的学生记录。

4）查询 35 岁以下的教师记录，并将其追加到“青年教师信息表”中。

5）查询所有未选课学生的相关信息。

6）按班级查询不及格学生的信息。

7）根据自定义的成绩范围，查询学生的信息（包括基本信息和成绩的查询）。

五、习题

1. 选择题

1）下列不是表中字段类型的是（　　）。

A. 索引　　B. 备注　　C. 是/否　　D. 货币

2）下列不属于操作查询的是（　　）。

A. 更新查询　　B. 追加查询

C．交叉表查询　　　　　　　　　　　　　　D．生成表查询

3）在 SQL Select 查询语句中，用来指定表中全部字段的参量是（　　）。

A．*　　　　　　B．*.*　　　　　　C．All　　　　D．Every

4）在 SQL Select 查询语句中，用来指定根据字段名分组的参数是（　　）。

A．Group By　　　B．Order By　　　C．Where　　　D．Having

5）下列不属于简单准则表达式的是（　　）的准则表达式。

A．字符型　　　B．日期/时间型　　　C．数字型　　　D．表示空字段值

6）某数据库有一个"专业名称"字段，查找以"计算机"开头的记录准则是（　　）。

A．"计算机"　　　　　　　　　　　　B．Like "计算机"

C．="计算机"　　　　　　　　　　　D．Left(专业名称,3)="计算机"

7）在查询中使用的 Sum、Avg 函数不适用于（　　）数据类型。

A．字符型　　　B．数字型　　　C．自动编号　　　D．日期/时间

8）下列对在查询视图中所允许进行的操作的描述，正确的是（　　）。

A．只能添加数据表

B．只能添加查询

C．既可以添加数据表，也可添加查询

D．以上说法都不对

9）将表 A 的记录复制到表 B 中，且不删除表 B 中的记录，可以使用的查询是（　　）。

A．删除查询　　　B．生成表查询　　　C．追加查询　　　D．交叉表查询

10）利用对话框提示用户输入准则的查询是（　　）。

A．选择查询　　　B．交叉表查询　　　C．参数查询　　　D．操作查询

11）查询向导不能创建（　　）。

A．选择查询　　　B．交叉表查询　　　C．参数查询　　　D．重复项查询

12）根据指定的查询准则，从一个或多个表中获取数据并显示结果的查询是（　　）。

A．选择查询　　　B．交叉表查询　　　C．参数查询　　　D．操作查询

13）下列关于查询设计网格中行的作用的叙述，错误的是（　　）。

A．"字段"表示可以在此输入或添加字段名

B．"总计"用于对查询的字段求和

C．"表"表示字段所在的表或查询的名称

D．"准则"用于输入一个准则来限定记录的选择

14）以下关于 SQL 语句及其用途的叙述，错误的是（　　）。

A．Create Table 用于创建表

B．Alter Table 用于更换表

C．Drop 表示从数据库中删除表，或者从字段或字段组中删除索引

D．Create Index 表示为字段或字段组创建索引

15）必须与其他查询相结合使用的查询是（　　）。

    A．联合查询　　　　　　　　　　　B．传递查询

    C．数据定义查询　　　　　　　　　D．子查询

16）下列表达式中，（　　）执行后的结果是在"平均分"字段中显示"语文""数学""英语"3 个字段中分数的平均值（结果取整）。

    A．平均分：([语文]+[数学]+[英语])\3

    B．平均分：([语文]+[数学]+[英语])/3

    C．平均分：语文+数学+英语\3

    D．平均分：语文+数学+英语/3

17）若要查询成绩为 70～80 分（包括 70 分，不包括 80 分）的学生信息，查询准则设置正确的是（　　）。

    A．>69 Or <80　　　　　　　　　B．Between 70 With 80

    C．>=70 And <80　　　　　　　　D．In(70,79)

18）若要用设计视图创建一个查询，查找所有姓"张"的女同学的姓名和总分，正确设置查询准则的方法应为（　　）。

    A．在"准则"单元格输入：姓氏="张"And 性别="女"

    B．在"总分"对应的"准则"单元格输入：总分；在"性别"对应的"准则"单元格输入："女"

    C．在"姓名"对应的"准则"单元格中输入：Like"张*"；在"性别"对应的"准则"单元格中输入："女"

    D．在"准则"单元格输入：总分 Or 性别="女"And 姓氏="张"

19）下列关于更新查询的说法，不正确的是（　　）。

    A．使用更新查询可以将已有的表中满足条件的记录进行更新

    B．使用更新查询一次只能对一条记录进行更改

    C．使用更新查询后就不能再恢复数据了

    D．使用更新查询效率会比在数据表中更新数据效率高

20）身份证号码是无重复的，但由于其位数较长，难免产生输入错误。为了查找出表中是否有重复值，应该采用的最简单的查找方法是（　　）。

    A．简单查询向导　　　　　　　　　B．交叉表查询向导

    C．查找重复项查询　　　　　　　　D．查找匹配项查询

21）当操作查询正在运行时，（　　）能够中止查询过程的运行。

    A．按【Ctrl+Break】键　　　　　　B．按【Ctrl+Alt+Delete】键

    C．按【Alt+Break】键　　　　　　D．按【Alt+F4】键

22）下列关于追加查询的说法，不正确的是（　　）。

    A．在追加查询与被追加记录的表中，只有匹配的字段才被追加

    B．在追加查询与被追加记录的表中，不论字段是否匹配都将被追加

    C. 在追加查询与被追加记录的表中，不匹配的字段将被忽略

    D. 在追加查询与被追加记录的表中，不匹配的字段将不被追加

23）下列选项中，不属于特殊运算符的是（　　）。

    A. In　　　　　　　　B. Like　　　　　　C. Between　　　D. Int

24）在下列字符函数中，用来表示"返回字符表达式中的字符个数"的是（　　）。

    A. Len　　　　　　　B. Count　　　　　C. Trim　　　　D. Sum

25）下列关于操作查询的说法，不正确的是（　　）。

    A. 如果用户经常要从几个表中提取数据，最好的方法是使用 Access 2010 提供
的生成表查询，即从多个表中提取数据组合起来生成一个新表永久保存

    B. 使用 Access 2010 提供的删除查询一次可以删除一组同类的记录

    C. 在执行操作查询之前，最好单击"视图"按钮，预览即将更改的记录

    D. 在执行操作查询之前，不用进行数据备份

26）删除查询既可以从单个表中删除记录，也可以从多个相互关联的表中删除记录。如果要从多个表中删除相关记录，必须满足 3 个条件，下列不符合的选项是（　　）。

    A. 在"关系"对话框中定义相关表之间的关系

    B. 在"关系"对话框中选中"级联删除相关记录"复选框

    C. 在"关系"对话框中选中"实施参照完整性"复选框

    D. 在"关系"对话框中选中"实体的完整性"复选框

27）如果只删除指定字段中的数据，可以使用（　　）查询将该值改为空值。

    A. 删除　　　　　　　B. 更新　　　　　　C. 生成表　　　　D. 追加

28）下列关于 SQL 查询的说法，不正确的是（　　）。

    A. SQL 查询是用户使用 SQL 语句直接创建的一种查询

    B. Access 2010 的所有查询都可以认为是一个 SQL 查询

    C. 应用 SQL 可以修改查询中的准则

    D. 使用 SQL 不能修改查询中的准则

29）要计算各类职称的教师人数，需要设置"职称"和（　　）字段，可以对记录进行分组统计。

    A. 工作时间　　　　B. 性别　　　　　　C. 姓名　　　　D. 以上都不是

30）查询设计网格中，作为"用于确定字段在查询中的运算方法"的行的名称是（　　）。

    A. 表　　　　　　　　B. 准则　　　　　　C. 字段　　　　D. 总计

2. 填空题

1）根据对数据源操作方式和结果的不同，查询可以分为 5 类：_____、_____、_____、_____和_____。

2）在 Access 2010 中，用户可以使用 SQL 语句创建查询，使用 SQL 创建的查询有以下 4 种：_____、_____、_____和_____。

3）_____是指在查询中用来限制检索记录的条件表达式，通过它可以过滤掉不需要的数据。

4）查询的目的就是让用户根据_____对_____进行检索，筛选出符合条件的记录，构成一个新的数据集合。

5）_____查询可以将多个表或查询对应的多个字段的记录合并为一个查询表中的记录。

6）创建查询的首要条件是要有_____。

7）在创建交叉表查询时，用户需要指定3种字段：一是放在数据表最左端的_____字段，二是放在数据表最上面的_____字段，三是放在数据表行与列交叉位置上的字段。

8）如果要查询的条件之间具有多个字段的"与"和"或"关系，则用户只需记住下面的输入法则：_____之间是"与"关系，_____之间是"或"关系。

9）应用传递查询的主要目的是_____。

10）创建分组总计查询时，总计项应该选择_____。

11）要确定"库存量"乘以"单价"的平均值是否大于等于￥500元且小于等于￥1000元，可输入_____。

12）假设某个表有10条记录，如果要筛选前5条记录，可在查询属性"上限值"中输入_____或_____。

13）查询中的计算可以分为_____和_____。

14）如果需要运行选择或交叉表查询，则只需双击该查询，Access就会自动运行或执行该查询，并在_____视图中显示结果。

15）在总计计算时，要指定某列的平均值，应输入表达式_____；要指定某列中值的一半，应输入表达式_____。

16）通配符与Like运算符合并起来，可以大大扩展查询范围。

① _____表示以m开头的名称。

② _____表示以m结尾的名称。

③ _____表示名称中包含有m字母。

④ _____表示名称中的第1个字母为F～H字母。

⑤ _____表示名称中的第2个字母为m。

17）要在名为"雇员"的表中指定"雇员姓名"字段，应使用_____。

18）在创建查询时，有些实际需要的内容（字段）在数据源的字段中并不存在，但可以通过在查询中增加_____来完成。

19）创建交叉表查询有两种方法，第一种是使用简单_____创建交叉表查询，第二种是使用_____创建交叉表查询。

20）在参数查询过程中，用户可以通过设置查询参数的类型来确保用户输入的参数值的正确性。设置方法是，执行"查询"→"_____"命令来设置。

21）"应还日期"字段为"借出书籍"表中的一个字段，类型为日期/时间型，则查找"书籍的超期天数"应该使用的表达式是_____。

22）以"图书管理系统"为例，当读者从图书馆借出一本书之后（在"借出书籍"表中新增加一条记录），可以通过运行_____对"借出书籍"表中该书的"已借本数"字段值进行修改。

23）参数查询是利用对话框来提示用户输入_____的查询。

24）操作查询与选择查询的相同之处在于两者都是由用户指定查找记录的条件，不同之处在于选择查询是检查符合条件的一组记录，而操作查询是_____的操作。

25）运算符是组成准则的基本元素，Access 2010 提供了_____、_____和_____ 3 种运算符。

26）使用文本值作为查询准则时，文本值要用_____括起来。

27）空值是使用_____或_____来表示字段的值。

28）若要查询 1987 年出生的职员的记录，可使用的准则是_____。

29）_____计算就是总计计算，是系统提供的对查询中的记录组或全部记录进行的计算。

30）对于自定义计算，必须直接在设计网格中创建新的_____。

3. 简答题

1）什么是查询？查询的优点是什么？

2）简述 Access 2010 查询对象和数据表对象的区别。

3）如何创建多表查询？多表查询有什么优点？

4）简述交叉查询、更新查询、追加查询和删除查询的应用。

5）常用的查询向导有哪些？如何利用查询向导创建不同类型的查询？

实验五　窗体的创建与使用

一、实验目的

1）掌握利用"窗体""窗体设计""空白窗体""其他窗体"按钮创建窗体，利用"窗体向导"按钮创建主/子窗体的方法。

2）掌握设置窗体属性，使用控件向导向窗体中添加控件并设置控件属性的方法。

3）掌握运用控件调用宏的方法。

4）掌握编辑控件事件代码的方法。

二、实验内容

设计简单的"教务管理系统"窗体界面，使其实现基本信息查询及信息维护功能，如图 1-5-1 所示。

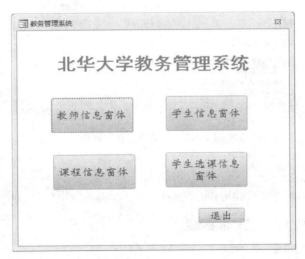

图 1-5-1　"教务管理系统"窗体界面

本系统界面主要由教师信息窗体、学生信息窗体、课程信息窗体、学生选课信息窗体 4 大部分组成，具体功能如下。

1）教师信息维护。

① 教师授课情况查询。

② 不同职称教师学历统计。

③ 教师工资一览表。

2）学生信息维护。

① 查询全部学生的基本信息。

② 按学号查询学生基本信息。

③ 按学院查询学生基本信息。

3）课程信息维护。

4）学生选课信息。

① 使用"窗体"按钮创建"学生信息"窗体和"学生选课信息"窗体，分别如图 1-5-2 和图 1-5-3 所示。

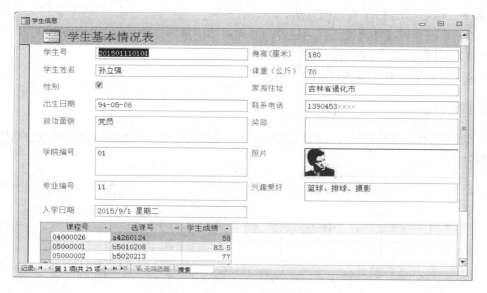

图 1-5-2　"学生信息"窗体

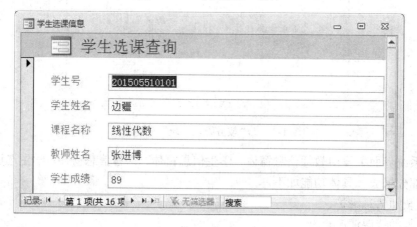

图 1-5-3　"学生选课信息"窗体

② 使用"窗体向导"按钮创建"教师授课情况"主/子窗体，如图 1-5-4 所示。

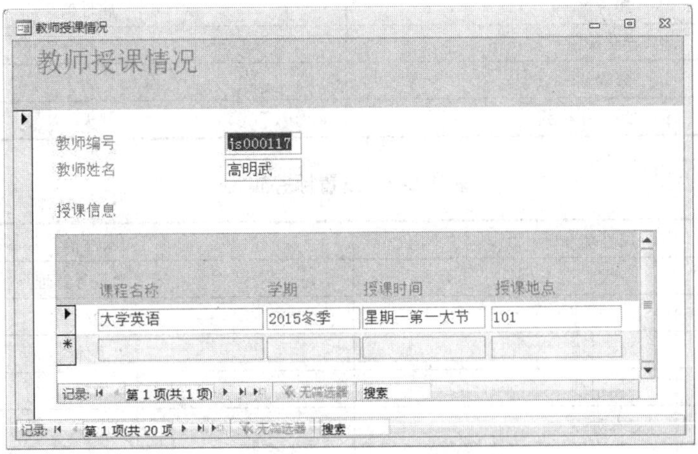

图 1-5-4 "教师授课情况"窗体

③ 使用"空白窗体"按钮创建"按学院查询学生信息"窗体，如图 1-5-5 所示。

图 1-5-5 "按学院查询学生信息"窗体

④ 使用"窗体设计"按钮创建主窗体，如图 1-5-1 所示，其中控件的属性设置如表 1-5-1～表 1-5-3 所示。

表 1-5-1 设置主窗体主要属性

属性名	属性值
标题	教务管理系统
滚动条	两者均无
记录选择器	否

续表

属性名	属性值
导航按钮	否
分隔线	否
最大最小化按钮	无

表 1-5-2 设置标签属性

属性名	属性值
标题	北华大学教务管理系统
字号	24
字体名称	黑体
字体粗细	加粗
文本对齐	居中

表 1-5-3 设置按钮属性

属性名	属性值
名称	分别为 C1、C2、C3、C4 和 C5
字号	14
字体名称	楷体
对齐	居中

⑤ 使用"其他窗体"按钮创建"不同职称教师学历统计"窗体，如图 1-5-6 所示。

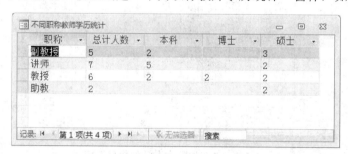

图 1-5-6 "不同职称教师学历统计"窗体

三、实验步骤

1. 使用"窗体"按钮创建"学生信息"窗体和"学生选课信息"窗体

具体操作步骤如下。

1）在导航窗格中选择"学生基本情况表"，然后单击"创建"选项卡"窗体"组中的"窗体"按钮，即可打开图 1-5-7 所示的窗体布局视图。

2）单击"窗体布局工具-设计"选项卡"视图"组中的"视图"下拉按钮，在弹出的下拉列表中选择"窗体视图"选项，如图 1-5-8 所示。

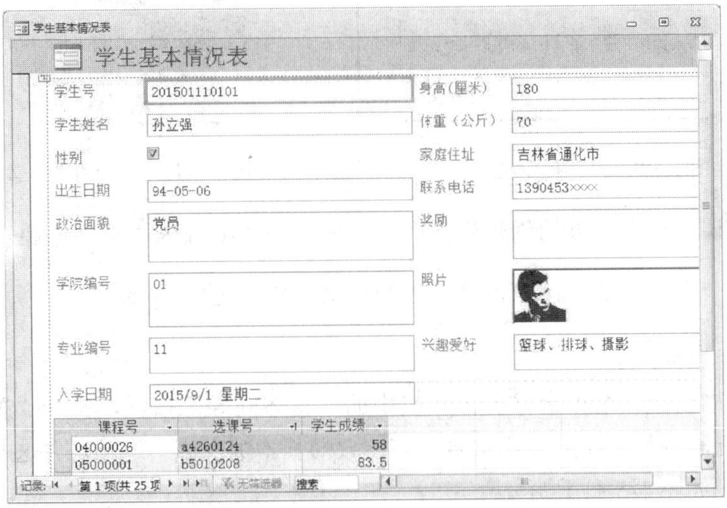

图 1-5-7 "学生基本情况表"窗体布局视图

图 1-5-8 设计窗体

3）窗体创建完成后单击"关闭"按钮，弹出图 1-5-9 所示的提示框，单击"是"按钮，打开"另存为"对话框，如图 1-5-10 所示，在其中修改窗体的名称并对窗体进行保存，即完成了"学生信息"窗体的创建。

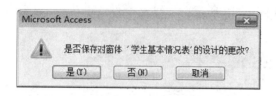

图 1-5-9　保存提示框

图 1-5-10　"另存为"对话框（1）

"学生选课信息"窗体的创建步骤同上，使用的数据源为"学生选课查询"。

2．使用"窗体向导"按钮创建"教师授课情况"主/子窗体

具体操作步骤如下。

1）单击"创建"选项卡"窗体"组中的"窗体向导"按钮，打开"窗体向导"对话框，在"表/查询"下拉列表中选择"表：教师基本情况表"选项，并选择可用字段为jsbh 和 jsxm，如图 1-5-11 所示。

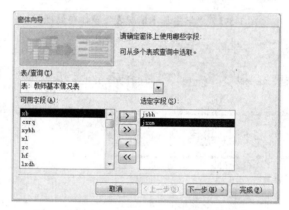

图 1-5-11　"窗体向导"对话框

2）单击"下一步"按钮，在打开的对话框中设置窗体布局为"纵栏表"，如图 1-5-12 所示。

3）单击"下一步"按钮，在打开对话框中设置窗体标题等信息，然后单击"完成"按钮即可，如图 1-5-13 所示。

3．使用"空白窗体"按钮创建"按学院查询学生信息"窗体

具体操作步骤如下。

1）单击"创建"选项卡"窗体"组中的"空白窗体"按钮，即可打开一个空白窗体和"字段列表"窗格，如图 1-5-14 所示。

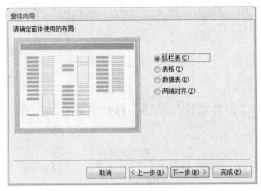

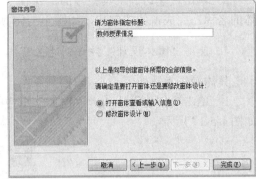

图 1-5-12 设置窗体布局 　　　　　图 1-5-13 设置窗体信息

图 1-5-14 空白窗体

2）将"学院情况表"中的 xybh、xymc 字段和"学生基本情况表"中的 xsh、xsxm 字段拖动到空白窗体，如图 1-5-15 所示。

图 1-5-15 设计窗体

3）单击快速访问工具栏中的"保存"按钮，在打开的"另存为"对话框中修改窗体的名称，完成窗体的创建，如图 1-5-16 所示。

4. 使用"窗体设计"按钮创建主窗体

具体操作步骤如下。

1）单击"创建"选项卡"窗体"组中的"窗体设计"按钮，打开窗体设计视图，如图 1-5-17 所示。

图 1-5-16　"另存为"对话框（2）　　　　图 1-5-17　窗体设计视图

2）单击"窗体设计工具-设计"选项卡"控件"组中的"标签"按钮，在窗体中单击要放置标签的位置，然后在标签中输入相应的文本信息，并按表 1-5-2 设置相应的属性，如图 1-5-18 所示。

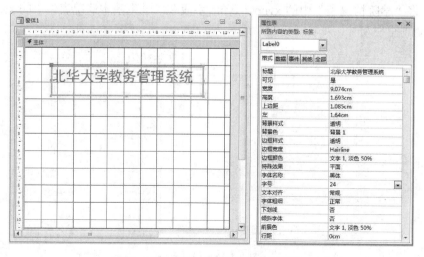

图 1-5-18　添加标签控件并设置属性

3）在窗体中依次添加"教师信息窗体"按钮、"学生信息窗体"按钮、"课程信息窗体"按钮和"学生选课信息窗体"按钮，并按照表 1-5-3 设置相关的属性，如图 1-5-19 所示。

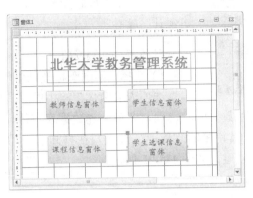

图 1-5-19　添加设置按钮控件

注意：利用"窗体设计工具-设计"选项卡"控件"组中的"使用控件向导"控件控制是否使用向导的方式添加控件。

4）利用控件向导添加及设置"退出"按钮，设置步骤及内容如图 1-5-20～图 1-5-22 所示（具体的操作步骤参见主教材，此处不再赘述）。

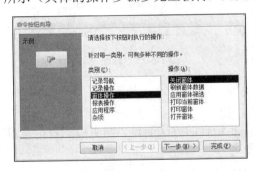

图 1-5-20　按钮向导（1）

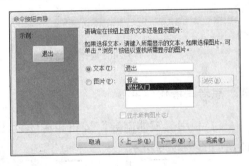

图 1-5-21　按钮向导（2）

图 1-5-22　按钮向导（3）

5）按照表 1-5-1 设置窗体属性后，单击快速访问工具栏中的"保存"按钮，在打开的"另存为"对话框中输入窗体的名称，完成窗体的创建，如图 1-5-23 所示。

图 1-5-23　"另存为"对话框（3）

5. 使用"其他窗体"按钮创建"不同职称教师学历统计"窗体

具体操作步骤如下。

1）选择"不同职称教师学历统计"查询，单击"创建"选项卡"窗体"组中的"其他窗体"下拉按钮，在弹出的下拉列表中选择"数据表"选项，即可创建数据表窗体，如图 1-5-24 所示。

2）单击快速访问工具栏中的"保存"按钮，在打开的"另存为"对话框中修改窗体的名称，完成窗体的创建，如图 1-5-25 所示。

图 1-5-24　数据表窗体

图 1-5-25　修改窗体的名称

四、思考与操作

1）利用"窗体向导"按钮和窗体设计视图相结合的方法创建"学生信息查询"窗体，如图 1-5-26 所示。

图 1-5-26　"学生信息查询"窗体

2）使用"窗体设计"按钮创建"课程信息维护"窗体，其设计视图如图 1-5-27 所示。

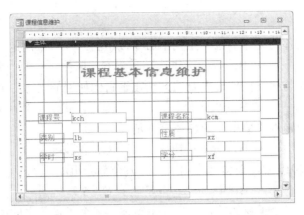

图 1-5-27 "课程信息维护"窗体的设计视图

3）以"教师工资发放单"查询（图 1-5-28）为数据源，使用"窗体向导"按钮创建"教师工资对账单"窗体，如图 1-5-29 所示。

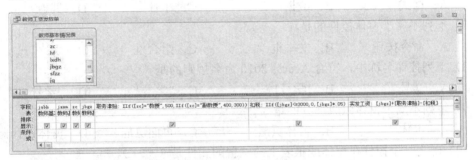

图 1-5-28 "教师工资发放单"查询

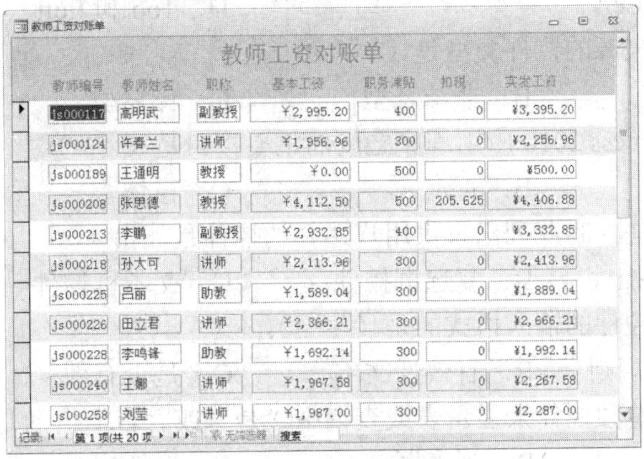

图 1-5-29 "教师工资对账单"窗体

五、习题

1. 选择题

1）命令按钮控件的动作响应，主要由命令按钮的（　　）决定。

　　A．功能　　　　　B．鼠标操作　　　　C．属性　　　　　D．事件代码

2）文本框控件与标签控件最主要的区别在于它们使用的（　　）不同。

　　A．方法　　　　　B．数据源　　　　　C．格式　　　　　D．显示方式

3）能接收用户输入"数据"的窗体控件是（　　）。

　　A．标签　　　　　B．命令按钮　　　　C．图像　　　　　D．文本框

4）在 Access 2010 中，窗体通常由（　　）个部分组成。

　　A．3　　　　　　B．4　　　　　　　C．5　　　　　　D．6

5）在一个带有多个子窗体的窗体中，主窗体与多个子窗体之间的关系是（　　）。

　　A．一对一　　　　B．一对多　　　　　C．多对多　　　　D．无

6）要在 Access 2010 中为窗体上的控件设置 Tab 顺序，应选择属性表中的（　　）选项卡。

　　A．格式　　　　　B．数据　　　　　　C．事件　　　　　D．其他

7）下列不属于窗体控件的是（　　）。

　　A．命令按钮　　　B．文本框　　　　　C．组合框　　　　D．表

8）下列控件名称中，符合 Access 2010 命名规则的是（　　）。

　　A．学号　　　　　B．[学号]　　　　　C．"学号　　　　　D．_学号

9）下列不属于窗体组成部分的是（　　）。

　　A．主体　　　　　B．窗体页眉　　　　C．页面页眉　　　D．窗体设计器

10）确定一个控件在窗体或报表上的位置的属性是（　　）。

　　A．Width 或 Height　　　　　　　　　B．Width 和 Height

　　C．Top 或 Left　　　　　　　　　　　D．Top 和 Left

11）没有数据来源的控件类型是（　　）。

　　A．结合型　　　　B．非结合型　　　　C．计算型　　　　D．窗体设计器

12）用户和 Access 2010 应用程序之间的主要接口是（　　）。

　　A．表　　　　　　B．查询　　　　　　C．窗体　　　　　D．报表

13）能够将一些内容罗列出来供用户选择的控件是（　　）。

　　A．组合框控件　　B．复选框控件　　　C．文本框控件　　D．选项卡控件

14）用于设置控件的输入格式的是（　　）。

　　A．有效性规则　　B．有效性文本　　　C．是否有效　　　D．输入掩码

15）不能作为单独控件来显示表或查询中"是"或"否"值的是（　　）。

　　A．复选框　　　　B．列表框　　　　　C．切换按钮　　　D．选项按钮

16）当窗体中的内容需要多页显示时，可以使用（　　）控件来进行分页。

    A．组合框   B．选项卡   C．选项组   D．子窗体/子报表

17）如果要在窗体上每次只显示一条记录，应该创建（　　）。

    A．纵栏式窗体   B．图表式窗体

    C．表格式窗体   D．数据透视表式窗体

18）下列不是窗体必备组件的是（　　）。

    A．节   B．控件   C．数据来源   D．都需要

19）若要隐藏控件，应将（　　）属性设为"否"。

    A．何时显示   B．锁定   C．可用   D．可见

20）每个窗体最多包含（　　）种节。

    A．3   B．4   C．5   D．6

21）窗体的节中，在窗体视图窗口中不会显示（　　）的内容。

    A．窗体页眉和页脚   B．主体

    C．页面页眉和页脚   D．都显示

22）（　　）是用来显示一组有限选项集合的控件。

    A．标签   B．文本框   C．选项组   D．复选框

23）（　　）是窗体中显示数据、执行操作或装饰窗体的对象。

    A．记录   B．模块   C．控件   D．表

24）（　　）代表一个或一组操作。

    A．标签   B．命令按钮   C．文本框   D．组合框

25）如果不允许编辑文本框中的数据，则需要设置文本框中的（　　）属性。

    A．何时显示   B．可用   C．可见   D．锁定

2．填空题

1）在 Access 2010 中可以使用_____、_____或_____作为窗体的数据来源。

2）在创建子窗体时必须确定主窗体与子窗体中数据的_____。

3）要将内容分类显示在不同的页面上，需要创建_____窗体。

4）组合框和列表框的主要区别在于是否可以在框中_____。

5）窗体由多个部分组成，每个部分称为一个_____。

6）窗体的页面页眉和页面页脚只出现在_____中。

7）要创建一页以上的窗体可以使用_____控件或_____控件。

8）如要改变窗体的布局需要在_____视图下打开窗体。

9）在设计窗体时，使用标签控件创建的是单独标签，它在窗体的_____视图中不能显示。

10）用户可以从系统提供的固定样式中选择窗体的格式，这些样式就是窗体的_____。

11）_____属性值用于设置控件的显示效果。

12）纵栏式窗体将窗体中的一条显示记录按列分割，每列的左边显示_____，右边显示_____。

13）窗体设计工具箱能够结合控件和对象构造一个窗体设计的_____。

14）在 Access 2010 数据库中，创建主/子窗体的主法有两种：一是同时创建主/子窗体，二是通过添加_____控件新建或将已有的窗体作为子窗体添加到主窗体中。

15）主窗体只能显示_____式的窗体，子窗体可以显示_____或_____式的窗体。

16）窗体的主要作用是接收用户输入的数据和命令，_____、_____数据库中的数据，构造方便、美观的输入/输出界面。

17）控件可以由_____和_____添加到窗体中。

18）Access 2010 中的窗体是一种主要用于输入和_____数据的数据库对象。

19）通过窗体可以查看、_____、添加、删除记录。

20）按照使用来源和属性的不同，控件可分为_____、绑定型控件、非绑定型控件 3 种。

21）用来显示一对多关系中"多"方数据的控件是_____。

22）窗体属性包括_____、_____、事件、其他和全部选项。

23）在窗体设计视图中，_____和_____是成对出现的。

24）_____用来决定数据在窗体中的显示方式。

25）_____是指和表中的字段相连接的控件。

26）在_____中，可以对窗体中的内容进行修改。

27）单选按钮只可用于_____操作，_____可用于多选操作。

3. 简答题

1）窗体的组成部分有哪些？各部分的主要功能是什么？

2）常用窗体控件有哪些？分别在什么情况下使用？

3）如何创建带有子窗体的窗体？

4）如何创建多页或多选项卡窗体？

实验六　报表的创建与操作

一、实验目的

1）掌握利用"报表向导"按钮创建纵栏式报表的方法。

2）掌握利用"报表向导"按钮创建分组汇总报表的方法。

3）掌握利用"标签"按钮创建标签报表的方法。

4）能够在设计视图中向已有报表中添加计算控件。

5）能够在设计视图中修改用"报表"按钮或"报表向导"按钮创建的报表。

二、实验内容

1. 创建"学生基本情况表"报表

以"学生基本情况表"为数据源，利用"报表向导"按钮创建纵栏式"学生基本情况表"报表，如图 1-6-1 所示。

图 1-6-1　"学生基本情况表"报表

2. 创建"专业情况"报表

以"学生基本情况表"和"专业情况表"为数据源，利用"报表向导"按钮创建"专业情况"报表，要求按照"专业"对学生分类，统计每个专业的学生人数，同专业学生按"学生号"的升序排序，结果如图 1-6-2 所示。

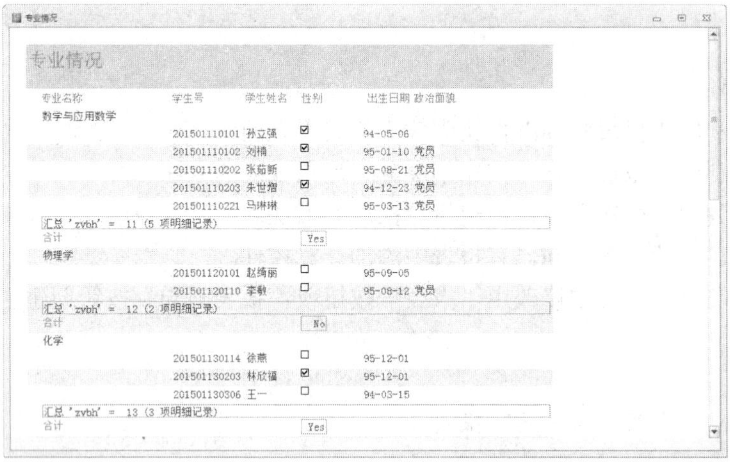

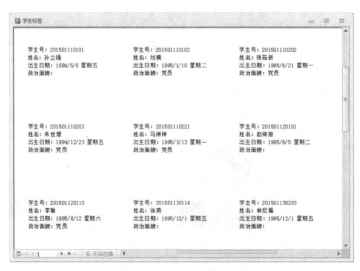

图 1-6-2 "专业情况"报表

3. 创建"学生标签"报表

以"学生基本情况表"为数据源，利用"标签"按钮创建"学生标签"报表，如图 1-6-3 所示。

图 1-6-3 "学生标签"报表

4. 创建"工资统计"报表

1）以"教师基本情况表"为数据源，利用"报表向导"按钮创建"工资统计"报表。

2）在设计视图中设置报表按"职称"分组，并在组页脚中添加计算控件"工资合计"，在报表页脚中添加计算控件"工资总计"，结果如图1-6-4所示。

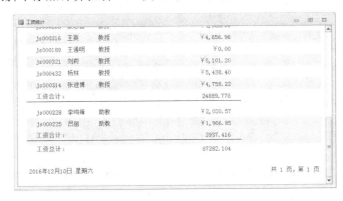

图 1-6-4 "工资统计"报表

三、实验步骤

1. 创建"学生基本情况表"报表

具体操作步骤如下。

1）在数据库窗口中单击"创建"选项卡"报表"组中的"报表向导"按钮，打开"报表向导"对话框。在"表/查询"下拉列表中选择"表：学生基本情况表"选项，"选定字段"为"可用字段"列表框中的全部字段，如图1-6-5所示。

2）单击"下一步"按钮，在打开的对话框中取消报表分组级别，如图1-6-6所示。

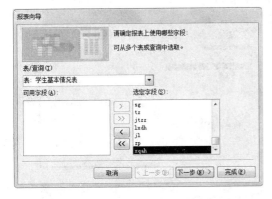

图 1-6-5 "报表向导"对话框（1）

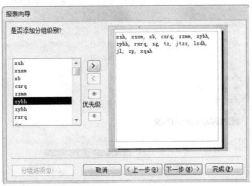

图 1-6-6 "报表向导"对话框（2）

3）单击"下一步"按钮，在打开的对话框中设置报表布局的方式为"纵栏表"，如图 1-6-7 所示。

4）单击"下一步"按钮，在打开的对话框中指定报表的标题为"学生基本情况表"，如图 1-6-8 所示，单击"完成"按钮，完成报表的创建。

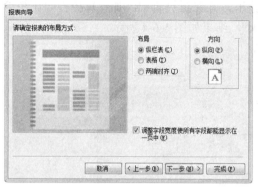

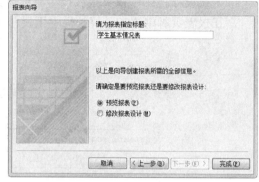

图 1-6-7　"报表向导"对话框（3）　　　　图 1-6-8　"报表向导"对话框（4）

2. 创建"专业情况"报表

具体操作步骤如下。

1）在数据库窗口中单击"创建"选项卡"报表"组中的"报表向导"按钮，打开"报表向导"对话框。在"表/查询"下拉列表中选择"表：学生基本情况表"选项，依次双击"可用字段"列表框中的 xsh、xsxm、xb、csrq、zzmm 字段，将它们添加到"选定字段"列表框中。然后在"表/查询"下拉列表中选择"表：专业情况表"选项，双击"可用字段"列表框中的 zymc 字段，将其添加到"选定字段"列表框中，如图 1-6-9 所示。

2）单击"下一步"按钮，在打开的对话框中的"请确定查看数据的方式"列表框中选择"通过 专业情况表"选项，如图 1-6-10 所示。

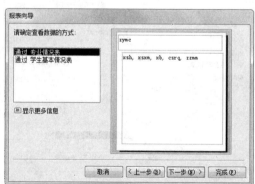

图 1-6-9　"报表向导"对话框（5）　　　　图 1-6-10　"报表向导"对话框（6）

3）单击"下一步"按钮，在打开的对话框中设置排序字段 xsh，如图 1-6-11 所示。

4）单击"汇总选项"按钮，在打开的"汇总选项"对话框中选中 xb 行的"汇总"复选框，如图 1-6-12 所示。单击"确定"按钮，返回"报表向导"对话框。

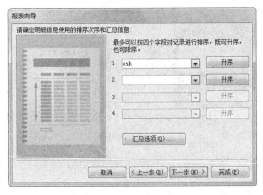

图 1-6-11　"报表向导"对话框（7）

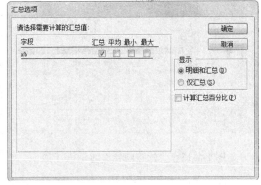

图 1-6-12　"汇总选项"对话框

5）单击"下一步"按钮，设置布局为"递阶"，方向为"纵向"，如图 1-6-13 所示。

6）单击"下一步"按钮，在打开的对话框中的"请为报表指定标题"文本框中输入报表名称"专业情况"，如图 1-6-14 所示，单击"完成"按钮。

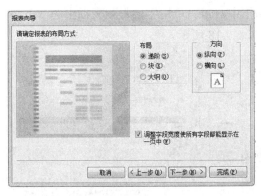

图 1-6-13　"报表向导"对话框（8）

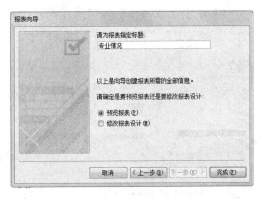

图 1-6-14　"报表向导"对话框（9）

3. 创建"学生标签"报表

具体操作步骤如下。

1）选择"学生基本情况表"，单击"创建"选项卡"报表"组中的"标签"按钮，打开"标签向导"对话框。

2）指定标签尺寸，型号为"J8361"，尺寸为"47mm×64mm"，度量单位为"公制"，标签类型"送纸"，如图 1-6-15 所示。

3）单击"下一步"按钮，在打开的对话框中设置文本外观。设置字体为"宋体"，字号为 10，字体粗细为"正常"，文本颜色为黑色，如图 1-6-16 所示。

图 1-6-15　"标签向导"对话框（1）　　　图 1-6-16　"标签向导"对话框（2）

4）单击"下一步"按钮，在打开的对话框中的"原型标签"列表框中输入"学生号："，双击"可用字段"列表框中的 xsh 字段，按【Enter】键换行后继续输入"姓名："，双击"可用字段"列表框中的 xsxm 字段。以此类推，后面每行行首分别输入"出生日期：""政治面貌："，再将 csrq 字段和 zzmm 字段分别添加到"出生日期："和"政治面貌："后面。结果如图 1-6-17 所示。

5）单击"下一步"按钮，在打开的对话框中双击"可用字段"列表框中的 xsh 字段，将其添加到"排序依据"列表框中，如图 1-6-18 所示。

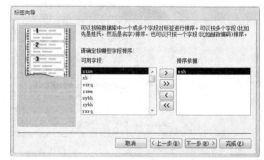

图 1-6-17　"标签向导"对话框（3）　　　图 1-6-18　"标签向导"对话框（4）

6）单击"下一步"按钮，在打开的对话框中的"请指定报表的名称"文本框中输入"学生标签"，如图 1-6-19 所示，单击"完成"按钮，完成标签报表的创建。

4. 创建"工资统计"报表

具体操作步骤如下。

1）在数据库窗口中单击"创建"选项卡"报表"组中的"报表向导"按钮，打开

"报表向导"对话框。在"表/查询"下拉列表中选择"表：教师基本情况表"选项，依次双击"可用字段"列表中的 jsbh、jsxm、zc、jbgz 字段，将它们添加到"选定字段"列表框中，如图 1-6-20 所示。

图 1-6-19 "标签向导"对话框（5）

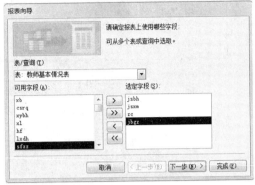

图 1-6-20 "报表向导"对话框（10）

2）单击"下一步"按钮，"报表向导"中的分组和排序不需要进行设置，分别在打开的对话框中单击"下一步"按钮，在打开的图 1-6-21 所示的对话框中设置布局方式为"表格"。

3）单击"下一步"按钮，在打开的对话框中设置报表的标题为"工资统计"，如图 1-6-22 所示。单击"完成"按钮，完成报表的创建。

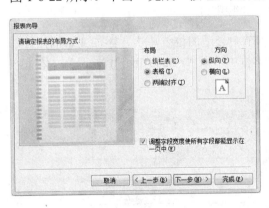

图 1-6-21 "报表向导"对话框（11）

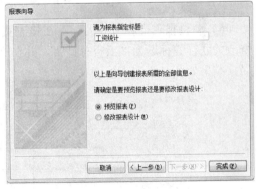

图 1-6-22 "报表向导"对话框（12）

4）单击"报表设计工具-设计"选项卡"分组和汇总"组中的"分组和排序"按钮，在打开的"分组、排序和汇总"窗格中添加组 zc，单击"更多"按钮，设置"无页眉节"和"有页脚节"，如图 1-6-23 所示。

5）在 zc 页脚节中合适的位置单击，添加文本框控件，修改关联标签标题为"工资合计："，并在文本框中输入"=Sum([jbgz])"，调整文本框布局；单击"控件"组中的"直线"按钮，在 zc 页脚节中合适的位置画一条直线，并调整其布局，结果如图 1-6-24 所示。

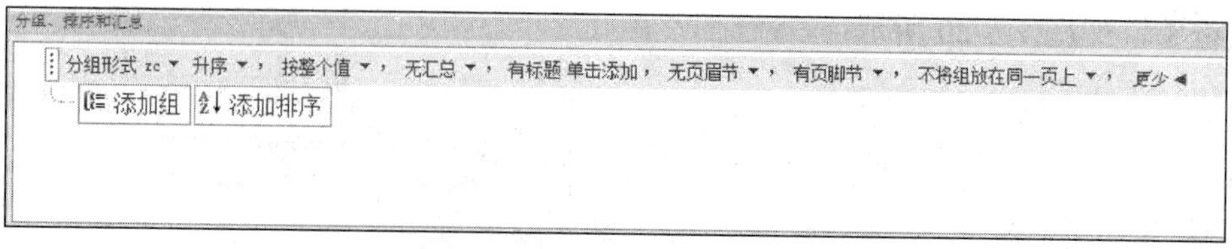

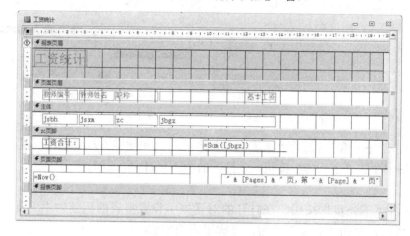

图 1-6-23 "分组、排序和汇总"窗口

图 1-6-24 报表设计视图（1）

6）调整报表页脚节的大小，在报表页脚节中合适的位置单击，添加文本框控件，修改关联标签标题为"工资总计："，并在文本框中输入"=Sum([jbgz])"，调整文本框布局，结果如图 1-6-25 所示。

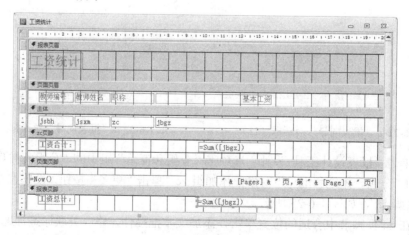

图 1-6-25 报表设计视图（2）

7）单击快速访问工具栏中的"保存"按钮，完成报表的设计。

四、思考与操作

1）利用报表设计器，创建一个按"教师编号"字段值升序排序的"教师基本情况表"报表，如图 1-6-26 所示，数据源为"教师基本情况表"。

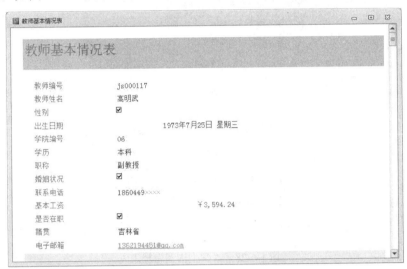

图 1-6-26 "教师基本情况表"报表

2）利用"报表向导"按钮创建"学生选课查询"报表，如图 1-6-27 所示，数据源为"学生选课查询"。

学生号	学生姓名	课程名称	教师姓名	学生成绩
201502210102	王国敏	大学英语	高明武	92
201502220201	孙希	大学英语	高明武	49
201505510103	许晴	大学英语	高明武	89
201506620102	李明翰	大学英语	高明武	65
201501110101	孙立强	大学英语	许春兰	58
201501110101	孙立强	大学计算机基础	张思德	83.5
201501110202	张茹新	大学计算机基础	张思德	67
201505510102	何康勇	大学计算机基础	张思德	73
201501110101	孙立强	高级语言程序设计	李鹏	77
201501110202	张茹新	高级语言程序设计	李鹏	56.5
201502220201	孙希	多媒体技术	李鸣锋	93
201506620102	李明翰	多媒体技术	李鸣锋	82.5

图 1-6-27 "学生选课查询"报表

3）利用"报表向导"按钮创建"学生选课"报表，数据源为"学生选课查询"，如图 1-6-28 所示。

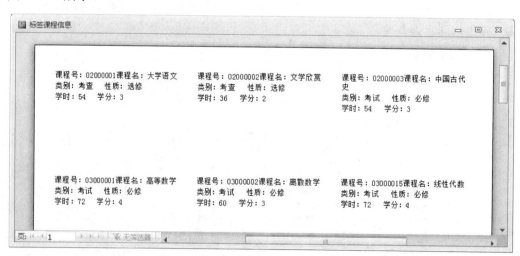

图 1-6-28 "学生选课"报表

4）利用"标签"按钮创建"标签课程信息"报表，数据源为"课程信息表"，如图 1-6-29 所示。

图 1-6-29 "标签课程信息"报表

5）创建"学生成绩汇总"报表，数据源为"学生选课查询"，如图 1-6-30 所示。

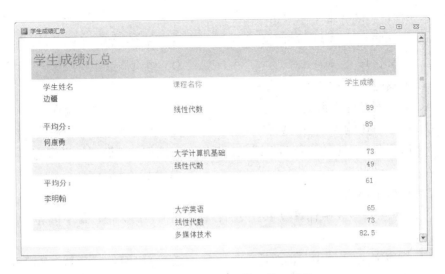

图 1-6-30 "学生成绩汇总"报表

五、习题

1. 选择题

1）下列关于对报表中数据源的操作叙述正确的是（ 　 ）。

　　A. 可以编辑，但不能修改　　　　　　B. 可以修改，但不能编辑

　　C. 不能编辑和修改　　　　　　　　　D. 可以编辑和修改

2）在一个报表中只出现一次的是（ 　 ）。

　　A. 主体　　　　　B. 页面页脚　　　　C. 页面页眉　　　D. 报表页眉

3）在 Access 2010 报表中要实现按字段分组统计输出，需要设置（ 　 ）。

　　A. 页面页脚　　　B. 报表页脚　　　　C. 主体　　　　　D. 组页脚

4）下列不属于 Access 2010 报表的 3 种视图方式的是（ 　 ）。

　　A. 普通视图　　　B. 设计视图　　　　C. 打印预览　　　D. 布局视图

5）要设置在报表每一页底部都输出的信息，需要设置（ 　 ）。

　　A. 页面页脚　　　B. 报表页脚　　　　C. 页面页眉　　　D. 报表页眉

6）只在报表最后一页底部输出的信息需要通过（ 　 ）来设置。

　　A. 页面页脚　　　B. 报表页脚　　　　C. 页面页眉　　　D. 报表页眉

7）如果要改变窗体或报表的标题，需要设置的属性是（ 　 ）。

　　A. Name　　　　　B. Caption　　　　　C. BackColor　　D. BorderStyle

8）利用向导创建报表时，按钮 》的作用是（ 　 ）。

　　A. 在指定数据源中选定单个字段　　　B. 在指定数据源中选定全部字段

　　C. 从选定字段中取消单个字段　　　　D. 从选定字段中取消全部内容

9）要实现报表的分组统计，其操作区域是（　　　）。

    A．报表页眉或报表页脚区域　　　　　　B．页面页眉或页面页脚区域

    C．主体区域　　　　　　　　　　　　　D．组页眉或组页脚区域

10）以下叙述中正确的是（　　　）。

    A．报表只能输入数据　　　　　　　　　B．报表只能输出数据

    C．报表可以输入和输出数据　　　　　　D．报表不能输入和输出数据

11）计算报表中学生的"英语"课程的最高分，应把控件源属性设置为（　　　）。

    A．=Max(英语)　　　　　　　　　　　B．Max(英语)

    C．=Max([英语])　　　　　　　　　　D．Max([英语])

12）如果想要在报表中计算数字字段的合计、均值、最大值、最小值等，则需要设置（　　　）。

    A．排序字段　　　　B．汇总选项　　　　C．分组间隔　　　　D．分组级别

13）在设计视图中，双击报表选择器打开（　　　）对话框。

    A．新建报表　　　　B．空白报表　　　　C．属性表　　　　D．报表

14）使用"报表向导"按钮创建报表时，最多可以对（　　　）字段进行排序。

    A．4　　　　　　　B．6　　　　　　　C．8　　　　　　　D．10

15）报表的视图方式不包括（　　　）。

    A．打印预览　　　　B．布局视图　　　　C．数据表视图　　　D．设计视图

16）报表的数据来源不包括（　　　）。

    A．表　　　　　　　B．窗体　　　　　　C．查询　　　　　　D．SQL 语句

17）报表的作用不包括（　　　）。

    A．分组数据　　　　B．汇总数据　　　　C．格式化数据　　　D．输入数据

18）Access 2010 的报表操作提供了（　　　）种视图。

    A．2　　　　　　　B．3　　　　　　　C．4　　　　　　　D．5

19）每个报表最多包括（　　　）种节。

    A．5　　　　　　　B．6　　　　　　　C．7　　　　　　　D．8

20）若对标签不满意，可以在（　　　）视图中对其进行进一步的修改和完善。

    A．使用向导　　　　B．设计　　　　　　C．自动报表　　　　D．标签向导

21）标签控件通常通过（　　　）向报表中添加。

    A．工具箱　　　　　B．工具栏　　　　　C．属性表　　　　　D．字段列表

22）报表设计视图下的（　　　）按钮是窗体设计视图下的工具栏中没有的。

    A．代码　　　　　　B．字段列表　　　　C．工具箱　　　　　D．分组和排序

23）以下（　　　）不能建立数据透视表。

    A．窗体　　　　　　B．报表　　　　　　C．查询　　　　　　D．数据表

24）若对图表不满意，可以在（　　）视图中对其进行进一步的修改和完善。

    A．设计　　　　　　B．表格　　　　　　　C．图表　　　　　D．标签

25）将大量数据按不同的性质分别集中在一起，称为将数据（　　）。

    A．合计　　　　　　B．分组　　　　　　　C．筛选　　　　　D．排序

26）在报表的设计视图中，区段被表示成带状形式，称为（　　）。

    A．页　　　　　　　B．节　　　　　　　　C．区　　　　　　D．面

27）（　　）报表可在一对多关系中显示"多"端的多条记录的区域。

    A．纵栏式　　　　　B．表格式　　　　　　C．图表　　　　　D．标签

2．填空题

1）Access 2010 的报表有_____、_____、_____和_____4 种视图。

2）在报表中通过对_____进行排序和_____，可以更好地组织和分析数据。

3）在打印报表前需对报表进行_____，使报表符合打印机和纸张的要求。

4）Access 2010 中报表的数据源可以是_____或_____。

5）报表数据输出不可缺少的内容是_____的内容。

6）报表主要用于对数据库的数据进行_____、_____、_____和打印输出。

7）报表不能对数据源中的数据进行_____。

8）一个报表最多可以对_____个字段或表达式进行分组。

9）一个主报表最多只能包含_____级子报表。

10）报表与窗体最大的区别是报表可以对记录排序和_____，而不能添加、删除等。

11）窗体与报表两者之中，不能显示数据表的是_____。

12）报表的计算控件的控件属性值中的计算表达式是以_____开头的。

13）_____用来显示报表的标题、图形或说明文字。

14）在 Access 2010 中，除可以使用报表和向导功能创建报表外，还可以从_____开始创建一个新报表。

15）_____和_____只能作为一对同时添加。

3．简答题

1）报表中有哪些节？与窗体的节相比较，说明各节的作用。

2）在打印报表时，各节的内容是如何显示的？

3）简述利用向导创建报表的过程。

4）报表的视图有哪几种？每种视图的功能是什么？

5）如何实现报表的排序、分组和计算？

实验七　宏的创建与应用

一、实验目的

1）掌握在宏设计器中设计简单宏的方法。
2）掌握在宏设计器中设计条件宏的方法。
3）掌握在宏设计器中设计宏组的方法。
4）掌握在宏设计器中设计自动运行宏的方法。
5）掌握将宏（宏组）加载到窗体控件中的单击事件的方法。

二、实验内容

1. 创建名为"显示学生姓名"的宏

创建图 1-7-1 所示的"选择学号"窗体，并为其创建名为"显示学生姓名"的宏，功能为单击相应按钮，打开图 1-7-2 所示的对话框，消息为窗体中显示信息所对应的学生姓名。

图 1-7-1　"选择学号"窗体　　　　　　　　图 1-7-2　"学生姓名"对话框

2. 创建名为"显示学生总评成绩"的宏

创建图 1-7-3 所示的"学生成绩维护"窗体，并为其创建名为"显示学生总评成绩"的宏，功能为单击相应按钮，打开图 1-7-4 所示的对话框，根据窗体中显示的课程成绩来计算出该名学生的总评成绩。

图 1-7-3　"学生成绩维护"窗体　　　　　图 1-7-4　"总评成绩"对话框

3. 创建名为"主菜单"的宏组

创建图 1-7-5 所示的"主菜单"窗体，并创建名为"主菜单"的宏组，用于实现各命令按钮的功能。

图 1-7-5　"主菜单"窗体

4. 创建名为 Autoexec 的自动运行宏

Autoexec 自动运行宏的功能是，在打开"教务管理系统"数据库时直接打开"主菜单：窗体"对话框。

三、实验步骤

1. 创建名为"显示学生姓名"的宏

具体操作步骤如下。

1）在窗体设计视图中创建名为"选择学号"的窗体，内容如图 1-7-6 所示。

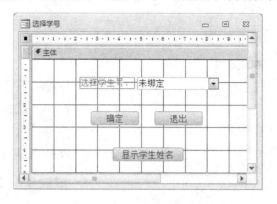

图 1-7-6 "选择学号"窗体的设计视图

2）单击"创建"选项卡"宏与代码"组中的"宏"按钮，创建一个宏。在"添加新操作"下拉列表中选择 MessageBox 宏，在操作参数区域的"消息"文本框中输入"=DLookUp("xsxm","学生基本情况表","xsh=[forms]![选择学号]![combo0]")"，在"类型"下拉列表中选择"信息"选项，在"标题"文本框中输入"学生姓名"，如图 1-7-7 所示。

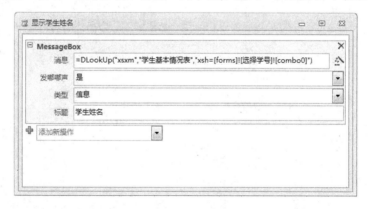

图 1-7-7 宏设计器窗口（1）

注意：combo0 为"选择学号"窗体中组合框的名称，可查看自己窗体中的组合框名称，进行替换。

3）单击快速访问工具栏中的"保存"按钮，在打开的"另存为"对话框中指定宏名称为"显示学生姓名"。

4）返回"选择学号"窗体，设置"显示学生姓名"按钮的单击事件为"显示学生姓名"宏，保存并关闭窗体。

测试时，需要首先在窗体视图中打开"选择学号"窗体，通过组合框选择学生号，然后单击"显示学生姓名"按钮，检验宏的运行情况。

2. 创建名为"显示学生总评成绩"的宏

具体操作步骤如下。

1）在窗体设计视图中创建名为"学生成绩维护"的窗体，内容如图 1-7-8 所示。

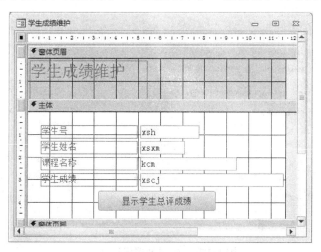

图 1-7-8 "学生成绩维护"窗体的设计视图

2）单击"创建"选项卡"宏与代码"组中的"宏"按钮，创建一个宏。在"添加新操作"下拉列表中选择 If 宏，在操作参数区域的 If 文本框中输入"[Forms]![学生成绩维护]![xscj]>=85"，在"添加新操作"下拉列表中选择 MessageBox 宏，在操作参数区域的"消息"文本框中输入"这门课程为优!"，在"类型"下拉列表中选择"信息"选项，在"标题"文本框中输入"总评成绩"，如图 1-7-9 所示。

图 1-7-9 宏设计器窗口（2）

3）单击"添加 Else If"按钮，添加内容为"[Forms]![学生成绩维护]![xscj]>=60"，在"添加新操作"下拉列表中选择 MessageBox 宏，在操作参数区域的"消息"文本框中输入"这门课程为良!"，在"类型"下拉列表中选择"信息"选项，在"标题"文本框中输入"总评成绩"，如图 1-7-10 所示。

图 1-7-10　宏设计器窗口（3）

4）单击"添加 Else"按钮，在"添加新操作"下拉列表中选择 MessageBox 宏，在操作参数区域的"消息"文本框中输入"这门课程不及格!"，在"类型"下拉列表中选择"信息"选项，在"标题"文本框中输入"总评成绩"，如图 1-7-11 所示。

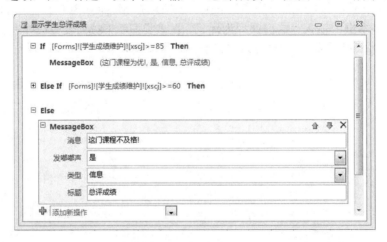

图 1-7-11　宏设计器窗口（4）

5）单击快速访问工具栏中的"保存"按钮，在打开的"另存为"对话框中指定宏名称为"显示学生总评成绩"。

6）返回"学生成绩维护"窗体，设置"显示学生总评成绩"按钮的单击事件为"显示学生总评成绩"宏，保存并关闭窗体。

测试时，需要首先在窗体视图中打开"学生成绩维护"窗体，通过浏览按钮定位到不同记录，然后单击"显示学生总评成绩"按钮，检验宏的运行情况。

3. 创建名为"主菜单"的宏组

具体操作步骤如下。

1）在窗体设计视图中创建图 1-7-12 所示的"主菜单"窗体。

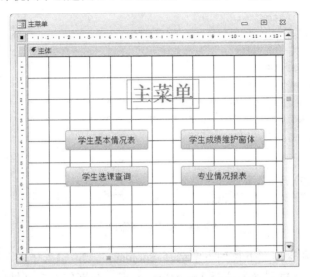

图 1-7-12　"主菜单"窗体的设计视图

2）单击"创建"选项卡"宏与代码"组中的"宏"按钮，创建一个宏。在"添加新操作"下拉列表中选择 Submacro 宏，输入子宏名称"打开学生基本情况表"，在"添加新操作"下拉列表中选择 OpenTable 宏，在操作参数区域的"表名称"文本框中输入"学生基本情况表"，在"视图"下拉列表中选择"数据表"选项，在"数据模式"下拉列表中选择"编辑"选项，如图 1-7-13 所示。

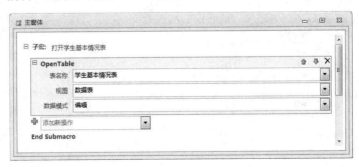

图 1-7-13　宏设计器窗口（5）

3）在"添加新操作"下拉列表中选择 Submacro 宏，输入子宏名称"打开学生成绩维护窗体"，在"添加新操作"下拉列表中选择 OpenForm 宏，在操作参数区域的"窗体名称"文本框中输入"学生成绩维护"，在"视图"下拉列表中选择"窗体"选项，如图 1-7-14 所示。

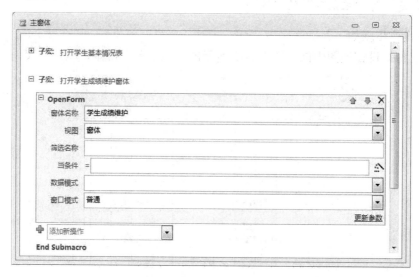

图 1-7-14　宏设计器窗口（6）

4）在"添加新操作"下拉列表中选择 Submacro 宏，输入子宏名称"打开报表"，在"添加新操作"下拉列表中选择 OpenReport 宏，在操作参数区域的"报表名称"文本框中输入"专业情况"，在"视图"下拉列表中选择"报表"选项，如图 1-7-15 所示。

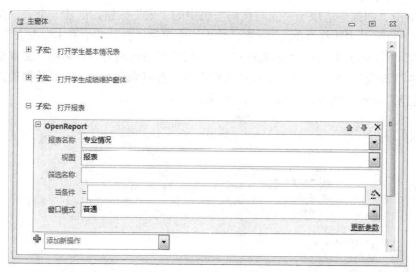

图 1-7-15　宏设计器窗口（7）

5）在"添加新操作"下拉列表中选择 Submacro 宏，输入子宏名称"打开查询"，在"添加新操作"下拉列表中选择"OpenQuery"宏，在操作参数区域的"查询名称"文本框中输入"学生选课查询"，在"视图"下拉列表中选择"数据表"，如图 1-7-16 所示。

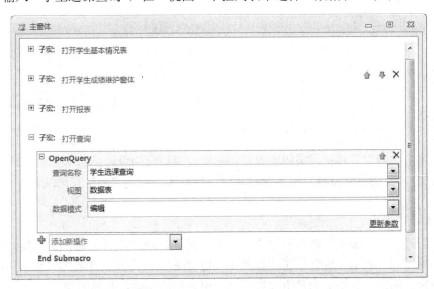

图 1-7-16　宏设计器窗口（8）

6）单击快速访问工具栏中的"保存"按钮，在打开的"另存为"对话框中指定宏名称为"主菜单"。

7）返回"主菜单"窗体，分别设置"学生基本情况表"按钮的单击事件为"主菜单.打开学生基本情况表"宏，"学生成绩维护窗体"按钮的单击事件为"主菜单.打开学生成绩维护窗体"宏，"学生选课查询"按钮的单击事件为"主菜单.打开查询"宏，"专业情况报表"按钮的单击事件为"主菜单.打开报表"宏，保存并关闭窗体。

测试时，需要在窗体视图中打开"主菜单"窗体，依次单击 4 个命令按钮，检测宏组的运行情况。

4. 创建名为 Autoexec 的自动运行宏

具体操作步骤如下。

1）单击"创建"选项卡"宏与代码"组中的"宏"按钮，创建一个宏。在"添加新操作"下拉列表中选择 OpenForm 宏，在操作参数区域的"窗体名称"文本框中输入"主菜单"，在"视图"下拉列表中选择"窗体"选项，如图 1-7-17 所示。

2）单击快速访问工具栏中的"保存"按钮，在打开的"另存为"对话框指定宏名称为 Autoexec，如图 1-7-18 所示。

图 1-7-17　宏设计器窗口（9）　　　　　　　　　　图 1-7-18　"另存为"对话框

3）单击"确定"按钮，关闭宏设计器窗口，完成宏的设计。

测试时，需要重新打开"教务管理系统"数据库，检测宏的运行情况。

四、思考与操作

1）创建名为"显示年龄"和"显示扣税"的宏。在"教师信息维护"窗体中添加"显示年龄"和"显示扣税"按钮，如图 1-7-19 所示，并为其创建名为"显示年龄"和"显示扣税"的宏，其功能为单击该按钮显示出教师的年龄及要缴的税金。

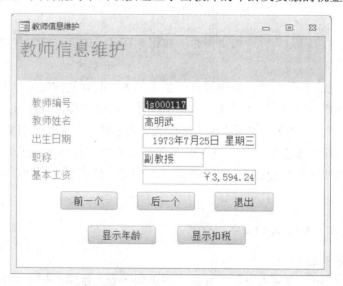

图 1-7-19　"教师信息维护"窗体

2）利用宏设计器，设计一个宏（口令宏），制作系统登录窗体，如图 1-7-20 所示。口令为"123456"，如果口令正确，则进入主菜单窗体；如果口令错误，则给出提示信息；单击"取消"按钮则退出窗体。

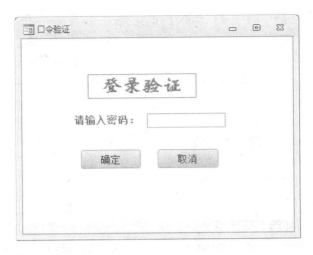

图 1-7-20 "口令验证"窗体

3）创建一个菜单宏，该菜单宏包括两个菜单："学生模块"和"教师模块"。"学生模块"菜单是一个宏组，该宏组有两个宏，即"学生信息维护"和"学生数据维护"，分别用于打开"学生信息维护"窗体和"学生数据维护"窗体。"教师模块"菜单也是一个宏组，该宏组有一个宏，"教师信息维护"用于打开"教师信息维护"窗体。

五、习题

1. 选择题

1）运行宏的方法有（　　）种。

A．2　　　　　　B．3　　　　　　C．4　　　　　　D．1

2）下列叙述中，错误的是（　　）。

A．宏能够一次完成多个操作

B．可以将多个宏组成一个宏组

C．可以用编程的方法来实现宏

D．宏命令一般由动作名和操作参数组成

3）将"宏"挂接在窗体上，主要是通过对命令按钮的（　　）设置实现的。

A．标题　　　　　B．数据源　　　　　C．格式　　　　　D．属性

4）在"宏"窗口中，"添加新操作"下拉列表中将列出所有的（　　）。

A．菜单　　　　　B．控件　　　　　C．快捷键　　　　　D．宏命令

5）"系统登录"窗体要有一个文本框、一个组合框和一个（　　）等控件。

A．标签　　　　　B．图像　　　　　C．命令按钮　　　　　D．矩形

6）如果不想在打开数据库时运行特殊宏，可在打开数据库时按（　　）键。

A．Ctrl　　　　　B．Alt　　　　　C．Shift　　　　　D．Tab

7）要限制宏操作的范围，可以在宏中定义（　　　）。

  A．宏条件表达式   B．宏操作对象

  C．宏操作目标   D．窗体或报表的控件属性

8）在设计条件宏时，对于连续重复的条件，可以用（　　　）符号来代替重复条件式。

  A．……   B．=   C．*   D．#

9）在下列操作中宏不能够实现的是（　　　）。

  A．导入   B．对象处理   C．循环   D．导出

10）引用宏组中宏的语法格式为（　　　）。

  A．宏组名.宏名 B．宏名   C．!宏名   D．宏组名(宏名)

11）打开指定窗体的宏操作是（　　　）。

  A．OpenTable B．OpenView C．OpenForm D．OpenQuery

12）显示包含警告信息或其他信息消息框的宏操作是（　　　）。

  A．MessageBox B．Beep   C．AddMenu D．SendObject

13）在一个宏的操作序列中，如果既包含带条件的操作，又包含无条件的操作，则带条件的操作是否执行取决于条件式的真假，而没有指定条件的操作则会（　　　）。

  A．无条件执行 B．有条件执行者 C．不执行 D．出错

14）用宏命令 OpenTable 打开数据表，则可以显示该表的视图是（　　　）。

  A．数据表视图   B．设计视图

  C．打印预览   D．以上都不是

15）下列有关宏操作的叙述，错误的是（　　　）。

  A．宏的条件表达式中不能引用窗体或报表的控件值

  B．所有宏操作都可以转化为相应的模块代码

  C．使用宏可以启动其他应用程序

  D．可以利用宏组管理相关的一系列宏

16）Access 2010 系统中提供了（　　　）执行的宏调试工具。

  A．单步   B．同步   C．运行   D．继续

17）下列操作中能产生宏操作是（　　　）。

  A．创建宏   B．运行宏   C．编辑宏   D．创建宏组

18）VBA 的自动运行宏，应当命名为（　　　）。

  A．Autoexec B．Autoexe C．Auto   D．AutoExec.bat

19）在"单步执行"对话框中，显示的是（　　　）的有关信息。

  A．刚运行完的宏操作   B．下一个要执行的宏操作

  C．命令按钮   D．以上都不对

20）若一个宏中包含多个操作，在运行宏时将按（　　　）的顺序来运行这些操作。

  A．从下到上 B．从上到下 C．随机   D．上述都不对

21）宏组是由（　　）组成的。

    A．若干个宏操作　B．一个宏　　　　　C．若干个宏　　　D．都不对

22）宏命令、宏、宏组的组成关系由小到大为（　　）。

    A．宏→宏命令→宏组　　　　　　　　B．宏命令→宏→宏组

    C．宏→宏组→宏命令　　　　　　　　D．以上都错

23）在宏的参数中，要引用窗体 F1 上的 Text1 文本框的值，应该使用的表达式是（　　）。

    A．[Forms]![F1]![Text1]　　　　　　B．Text1

    C．[F1].[Text1]　　　　　　　　　　D．[Forms]_[F1]_[Text1]

24）宏设计窗口中有"宏名"、"条件"、"操作"和"备注"列，其中（　　）是不能省略的。

    A．宏名　　　　　B．条件　　　　　　C．操作　　　　　D．备注

25）创建宏至少要定义一个"操作"，并设置相应的（　　）。

    A．宏操作参数　　B．条件　　　　　　C．命令按钮　　　D．备注信息

26）下列操作中，适宜使用宏的是（　　）。

    A．修改数据表结构　　　　　　　　　B．创建自定义过程

    C．打开或关闭报表对象　　　　　　　D．处理报表中错误

27）（　　）是一系列操作的集合。

    A．窗体　　　　　B．报表　　　　　　C．宏　　　　　　D．模块

28）使用（　　）可以决定在某些情况下运行宏时，某个操作是否进行。

    A．语句　　　　　B．条件表达式　　　C．命令　　　　　D．以上都不是

29）宏的命名方法与其数据库对象相同，宏按（　　）调用。

    A．名　　　　　　B．顺序　　　　　　C．目录　　　　　D．系统

30）宏组中的宏按（　　）调用。

    A．宏名.宏　　　　B．宏组名.宏名　　　C．目录　　　　　D．宏.宏组名

2．填空题

1）通过宏打开某个数据表的宏命令是_____。

2）通过宏查找下一条记录的宏操作是_____。

3）在一个宏中运行另一个宏时，使用的宏操作命令是_____。

4）打开查询的宏命令是_____。

5）定义_____有利于数据库中宏对象的管理。

6）导出数据到 Excel 或 Lotus1-2-3 电子表格文件或从中导入数据所对应的宏操作是_____。

7）如果想移动或更改活动窗口的尺寸，应使用的宏为_____。

8）若想将处于最大化或最小化的窗口恢复为原来的大小时，应采取的宏操作是_____。

9）实际上，所有宏操作都可以通过_____的方式转换为相应的模块代码。

10）为窗体或报表上的控件设置属性值的宏命令是_____。

11）设置计算机发出嘟嘟声的宏操作是_____。

12）对某个数据库对象重命名的宏操作是_____。

13）宏组中的宏的调用格式为_____。

14）移动至其他记录，并使它成为指定表、查询或窗体中的当前记录的宏操作是_____。

15）宏是由_____或_____操作组成的集合。

16）通过执行宏，Access 2010 能够依次_____执行一连串的操作。

17）每个宏操作的参数都显示在_____中。

18）宏可以是包含操作序列的_____或_____。

19）在 Access 2010 系统中，宏及宏组保存都需要_____。

20）在 Access 2010 中，宏是按_____调用的。

21）在宏中，如果设计了_____，有些操作会根据条件情况来决定是否执行。

22）Access 2010 中宏的操作都可以在_____对象中通过编写 VBA 语句来实现相同的功能。

23）事务性的或重复性的操作可以通过_____来实现。

24）Access 2010 提供了将宏转换为等价的_____过程或模块的功能。

25）要转换全局宏，需要在_____对话框中，将_____设置为模块。

26）宏组是由若干个_____构成的。

27）被命名为_____保存的宏，在打开该数据库时会自动运行。

28）选择"添加新操作"下拉列表中的_____选项，会在宏设计窗口中增加一个"条件"行。

29）条件项是逻辑表达式，返回值只有两个：_____和_____。

30）_____是显示在数据库窗体中的宏和宏组列表的名称。

3. 简答题

1）什么是宏、宏组？它们的主要功能是什么？

2）简述运行宏和宏组的方法。

3）Access 2010 提供的宏操作有哪些？其功能是什么？

4）简述创建宏的操作步骤。

5）简述 Access 2010 自动运行宏的作用及创建过程。

实验八　VBA 代码的编写与应用

一、实验目的

1) 熟悉和掌握为窗体和控件事件编写 VBA 代码的方法。

2) 掌握 VBA 的 3 种流程控制结构：顺序结构、选择结构、循环结构。

二、实验内容

1) 编写 VBA 代码以实现窗体中"查询"按钮的功能。

在图 1-8-1 所示的"学生信息查询"窗体中，为"查询"按钮编写 VBA 代码，要求在"学生号"文本框中输入信息并单击"查询"按钮后，在"学生基本情况表"中查找指定记录，并在窗体中显示相关信息，查询结果如图 1-8-2 所示。若"学生号"文本框为空，则打开图 1-8-3 所示的"提示"对话框；若"学生基本情况表"中没有相关记录，则打开图 1-8-4 所示的"提示"对话框。

图 1-8-1　"学生信息查询"窗体

图 1-8-2　输入学生号

图 1-8-3　"提示"对话框（1）

图 1-8-4　"提示"对话框（2）

2) 根据输入的 X 值求 Y 值，如图 1-8-5 所示。

3）求 N!，如图 1-8-6 所示。

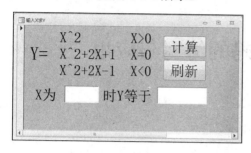

图 1-8-5　输入 X 求 Y

图 1-8-6　求 N!

4）编写 VBA 代码以实现图 1-8-7 所示的窗体中"修改工资"按钮的功能。

单击"修改工资"按钮后，将"教师基本情况表"中所有教师的"基本工资"上浮20%，并在窗体中体现结果，如图 1-8-7 所示。

5）创建图 1-8-8 所示的窗体，编写 VBA 代码以实现窗体中文本框控件的计时功能。打开窗体后在"计时器"文本框中以秒计时，当单击"暂停"按钮时暂停计时；当单击"继续"按钮时继续计时。

图 1-8-7　修改工资窗体

图 1-8-8　计时器窗体

三、实验步骤

1. 编写 VBA 代码以实现窗体中"查询"按钮的功能

具体操作步骤如下。

1）创建图 1-8-1 所示的"学生信息查询"窗体，在其设计视图中右击"查询"按钮，在弹出的快捷菜单中选择"表达式生成器"选项，在打开的"选择生成器"对话框中选择"代码生成器"选项，如图 1-8-9 所示。

注意：本窗体没有数据源，"查询"按钮的名称为 C1，"退出"按钮的名称为 C2。

2）单击"确定"按钮，打开 VBE 窗口，输入 VBA 代码，如图 1-8-10 所示。

图 1-8-9　"选择生成器"对话框

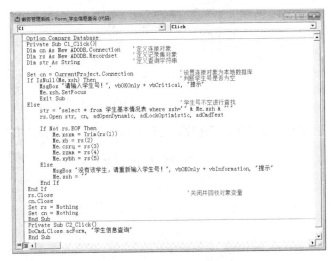

图 1-8-10　代码窗口（1）

3）在 VBE 窗口输入图 1-8-10 所示的代码，然后单击快速访问工具栏中的"保存"按钮，关闭 VBE 窗口，并关闭窗体设计视图，完成"查询"按钮的 VBA 代码设计。

2. 根据输入的 X 值求 Y 值

具体操作步骤如下。

1）创建图 1-8-5 所示的窗体，在其设计视图中右击"计算"按钮，在弹出的快捷菜单中选择"表达式生成器"选项，在打开的"选择生成器"对话框中选择"代码生成器"选项。

2）单击"确定"按钮，打开 VBE 窗口，输入 VBA 代码，如图 1-8-11 所示。

3）单击工具栏中的"保存"按钮，关闭 VBE 窗口，并关闭窗体设计视图，完成"计算"按钮的 VBA 代码设计。

3. 求 N!

具体操作步骤如下。

1）创建图 1-8-6 所示的窗体，在其设计视图中右击"计算"按钮，在弹出的快捷菜单中选择"表达式生成器"选项，在打开的"选择生成器"对话框中选择"代码生成器"选项。

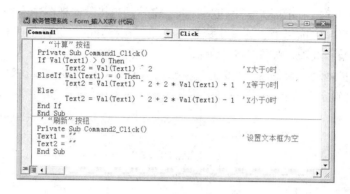

图 1-8-11　代码窗口（2）

2）单击"确定"按钮，打开 VBE 窗口，输入 VBA 代码，如图 1-8-12 所示。

图 1-8-12　代码窗口（3）

3）单击工具栏中的"保存"按钮，关闭 VBE 窗口，并关闭窗体设计视图，完成"计算"按钮的 VBA 代码设计。

4. 编写 VBA 代码以实现窗体中"修改工资"按钮的功能

具体操作步骤如下。

1）创建图 1-8-7 所示的窗体，在其设计视图中右击"修改工资"按钮，在弹出的快捷菜单中选择"表达式生成器"选项，在打开的"选择生成器"对话框中选择"代码生成器"选项。

2）单击"确定"按钮，打开 VBE 窗口，输入 VBA 代码，如图 1-8-13 所示。

3）单击工具栏中的"保存"按钮，关闭 VBE 窗口，并关闭窗体设计视图，完成"修改工资"按钮的 VBA 代码设计。

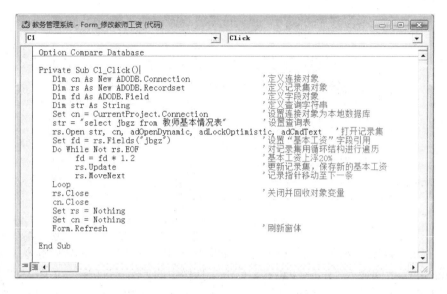

图 1-8-13 代码窗口（4）

5. 编写 VBA 代码以实现窗体中文本框控件的计时功能

具体操作步骤如下。

1）创建图 1-8-8 所示的窗体，打开窗体的"属性表"窗格，在"事件"选项卡的"计时器间隔"文本框中输入"1000"，如图 1-8-14 所示。

图 1-8-14 设置窗体属性

2）将光标定位到"计时器触发"文本框中，单击文本框右侧的按钮，在打开的"选择生成器"对话框中选择"代码生成器"选项，单击"确定"按钮，打开 VBE 窗口，输入图 1-8-15 所示的代码。

3）单击工具栏中的"保存"按钮，关闭 VBE 窗口，回到窗体设计视图。

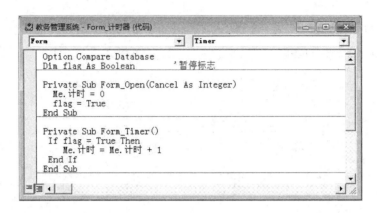

图 1-8-15　代码窗口（5）

4）右击"暂停"按钮，按上述方法打开 VBE 窗口，在"Private Sub 暂停_Click( )"和"End Sub"之间输入"flag = False"，单击工具栏中的"保存"按钮，关闭 VBE 窗口，回到窗体设计视图。右击"继续"按钮，按上述方法打开 VBE 窗口，在"Private Sub 继续_Click()"和"End Sub"之间输入"flag = True"，如图 1-8-16 所示。

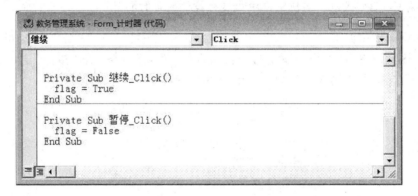

图 1-8-16　编写"继续"和"暂停"按钮代码

5）单击快速访问工具栏中的"保存"按钮，关闭 VBE 窗口，并关闭窗体设计视图，结束"计时器"窗体的代码设计。

四、思考与操作

1）试建立窗体并编写 VBA 代码，要求当单击"保存记录"按钮后，将用户输入的信息保存到"课程信息表"中。

2）试建立窗体并编写 VBA 代码，要求当用户输入"教师号"后，若该文本框失去焦点，则根据输入的教师号在指定位置显示该教师的相关信息。当用户修改教师资料后，单击"保存修改"按钮则将修改后的信息保存到"教师基本情况表"中；当用户单击"退出"按钮时则弹出"确认保存"的提示框，询问用户是否保存修改，单击"是"按钮则将信息保存到"教师基本情况表"中并关闭本窗体，单击"否"按钮则直接关闭本窗体，单击"取消"按钮则关闭提示框返回"教师基本信息表查询修改"窗体。

3）建立窗体并编写 VBA 代码。任意输入 3 个正整数，单击"查找"按钮后找出最大值和最小值，试编写 VBA 代码。

五、习题

1. 选择题

1）下列变量名中符合 VBA 命名规则的是（ ）。

    A. 3M   B. Time.txt   C. Dim   D. Sel_One

2）对 VBA 的逻辑值进行数据运算时，False 值被当作（ ）。

    A. -1   B. 0   C. 1   D. 任意

3）VBA 中定义符号常量的关键字是（ ）。

    A. Const   B. Public   C. Private   D. Dim

4）下列不属于 VBA 表达式组成要素的是（ ）。

    A. 运算结果   B. 运算符   C. 数据   D. 函数

5）下列（ ）不属于 VBA 提供的数据验证函数。

    A. IsDate   B. IsNull   C. IsNumeric   D. IsText

6）VBA 表达式 4*6Mod16/4*(2+3)的运算结果是（ ）。

    A. 4   B. 10   C. 16   D. 80

7）已知程序段如下：

```
S=0
For M=1 to 10 Step 2
S=S+M
Next M
Print S
```

其运算结果 S 的值为（ ）。

    A. 24   B. 25   C. 36   D. 55

8）定义了二维数组 A(3 to 6, 6)，则该数组的元素个数为（ ）。

    A. 24   B. 28   C. 36   D. 49

9）以下可以得到"2*5=10"结果的 VBA 表达式为（ ）。

    A. "2*5"&"="&2*5   B. "2*5"+"="+2*5

    C. 2*5&"="&2*5   D. 2*5+"="+2*5

10）以下程序段运行后，消息框的输出结果是（ ）。

```
a=sqr(3)
```

```
b=sqr(2)
c=a>b
Msgbox c+2
```

    A. -1   B. 1   C. 2   D. 出错

11）函数 String(n，字符串)的功能是（　　　）。

    A. 把数值型数据转换为字符串

    B. 返回由 n 个字符组成的字符串

    C. 从字符串中取出 n 个字符

    D. 从字符串中第 n 个字符的位置开始取子字符串

12）以下返回值是 False 的语句是（　　　）。

    A. Value=(10>4)

    B. Value=("ab"[ ]"aaa")

    C. Value=("周"<"刘")

    D. Value=(#2004/9/13#<#2004/10/10#)

13）下列用于实现无条件转移的是（　　　）。

    A. Goto 语句   B. If 语句

    C. Switch 语句   D. If…Else 语句

14）VBA 中用实参 m 和 n 调用函数过程 Area(a,b)的正确形式是（　　　）。

    A. Area a,b   B. Area m,n

    C. Call Area(m,n)   D. Call Area(a,b)

15）一般用于存放供其他 Access 2010 数据库对象使用的公共过程的是（　　　）。

    A. 类模块   B. 标准模块   C. 宏模块   D. 窗体模块

16）可以实现重复执行一行或几行程序代码的语句是（　　　）。

    A. 循环语句   B. 条件语句   C. 赋值语句   D. 声明语句

17）一般不需要使用 VBA 代码的是（　　　）。

    A. 创建用户自定义函数   B. 复杂程序处理

    C. 打开窗体   D. 错误处理

18）VBA 中定义整数可以用类型标志（　　　）。

    A. Date   B. Long   C. Integer   D. String

19）字符型数据的数值范围是（　　　）。

    A. -128～127   B. 0～255   C. -127～128   D. 0～32767

20）三维数组 Array(3 to 5, 3, 2 to 6)的元素个数是（　　　）。

    A. 24   B. 45   C. 60   D. 90

21）在 4 种运算中，运算级别最高的是（　　　）。

    A. 逻辑运算   B. 比较运算   C. 数学运算   D. 连接运算

22）Function 过程也称为（　　　）。

　　A．Sub 过程　　　　B．子过程　　　　　　C．函数过程　　　D．Sub 语句

23）在 If…End If 结构中，可以嵌套（　　　）个 If…End If 结构。

　　A．5　　　　　　　B．10　　　　　　　　C．20　　　　　　D．无限个

24）执行语句 C=IIf(0,3,2)后，C 的值为（　　　）。

　　A．0　　　　　　　B．3　　　　　　　　C．2　　　　　　D．Null

25）下列操作中只能由 VBA 实现的是（　　　）。

　　A．打开报表　　　B．错误处理　　　　C．查询记录　　　D．更改窗体大小

26）在 Access 2010 中，打开 VBA 的快捷键是（　　　）。

　　A．F5　　　　　　B．Alt+F4　　　　　　C．Alt+F11　　　D．Alt+F12

27）函数过程用（　　　）来调用执行。

　　A．Dim　　　　　B．Main　　　　　　　C．Public　　　　D．Call

28）下列不属于鼠标事件的是（　　　）。

　　A．Click　　　　B．DbClick　　　　　　C．Open　　　　　D．MouseMove

29）当用户（　　　）鼠标时，会发生 MouseMove 事件。

　　A．双击　　　　　B．按下　　　　　　　C．释放　　　　　D．移动

30）（　　　）事件在打开、调整或关闭窗体或报表时发生。

　　A．键盘　　　　　B．鼠标　　　　　　　C．窗口　　　　　D．操作

2．填空题

1）VBA 中使用顺序结构、_____和_____3 种流程控制结构。

2）_____是指若干个相同类型的元素的集合。

3）VBA 程序的开发环境是_____。

4）在程序调试过程中，常用的调试手段_____、_____和_____。

5）VBA 提供的字符串连接符有_____和_____。

6）VBA 中变量作用域分为_____、_____和_____3 个层次。

7）标准模块中的公共变量和公共过程具有_____性。

8）VBA 中使用的 3 种选择函数是_____、Switch 和 Choose。

9）用户可以利用过程名去调用过程，同时 VBA 也提供了_____关键字来显式地调用过程。

10）在 VBA 编程中，变量定义的位置和方式不同，则它存在的时间和起作用的范围也有所不同，这就是变量的_____和_____。

11）VBE 属性窗口提供了"按字母序"和_____两种属性查看形式。

12）在模块的说明区域中，用_____和 Global 关键字说明的变量是属于全局范围的变量。

13）模块分为_____和_____两种类型。

14）在 Access 2010 中，过程可以分为_____和_____。

15）在模块的说明区域中，用_____关键字声明的变量是模块范围的变量。

16）参数传递有按地址和_____两种方法。

17）VBA 的运行机制是_____驱动的。

18）VBA 中的控制结构包括顺序结构、_____结构和_____结构。

19）在 VBA 中可以通过_____声明变量或隐式声明变量。

20）表达式 15.6 Mod 5 的值是_____。

21）表达式 14\3>4 And-1 的值是_____。

22）标准模块中的公共变量和公共过程具有_____性。

23）可以使用_____键添加断点。

24）VBA 中提供的 3 种数据库访问接口是 ODBC API、_____和_____。

25）_____是模块的单元组成，由 VBA 代码编写而成。

26）_____过程是执行一项或一系列操作的过程，没有返回值。

27）_____又称函数过程。

28）_____是指程序运行时，值会发生变化的数据。

29）变量名不能使用_____的关键字。

3. 简答题

1）VBA 过程和函数的主要区别是什么？

2）VBA 的循环结构有哪些？其格式是怎样的？

3）如何定义常量和变量？

4）VBA 的表达式由哪些内容组成？其可分为哪几类？运算符有哪些？

5）Access 2010 系统中有哪些事件？

6）程序调试的方法有哪些？如何设置？

7）什么是 API 函数？Access 2010 中如何调用 API 函数？

第二部分 应用实例

本部分内容综合了第一部分介绍的大部分知识与操作，参考全国计算机等级考试的需要，并结合具体的应用情境和任务驱动，设置了家庭图书管理系统、诊所患者信息管理系统和小学数学简单考试系统3个应用实例，使学生掌握所学的知识并加以综合应用，从而提高学生综合分析问题、处理问题的能力。

实例一　个人图书管理系统

一、数据库管理系统分析

高尔基曾说："热爱书吧！它是人类的朋友。"人们在自己的书橱中珍藏着许多这样的"好朋友"。通过 Access 建立一个个人图书管理系统，进行图书管理，提高每本图书的使用效率。本数据库可以实现图书的输入、增加、修改、查找、删除、快速查找、定位和统计等基本功能。如果同学、朋友之间都能建立起这样一个数据库，将数据库合并后，俨然就是一个小型图书馆，通过查询可以查看自己需要的图书是否有人买了，如果有则可以借阅一下，不必重复投资。本例使用的是 Access 2010，使用其他版本的操作步骤大同小异。

二、数据库管理系统设计

通过 Access 2010 建立一个个人图书管理系统（既包含纸质的图书，也包含光盘等电子书）。这个数据库可以记录每本书的基本资料，能随时增加或删改图书记录，还可以按照不同条件快速查找个人藏书的各种信息。

1. 创建数据库文件及数据表

创建"个人图书馆"数据库，并按照表 2-1-1～表 2-1-3 的要求，建立"图书基本信息"、"介质类型"和"类别名称"这 3 个数据库表的结构。从表 2-1-4 中可以获得"图书基本信息"数据表的记录，"类别名称"表记录为多媒体、计算机、历史、旅游、外语、文学、艺术、饮食、娱乐、哲学，"介质类型"表记录为硬盘、光盘、纸质。

表 2-1-1　"图书基本信息"表结构

字段名称	数据类型	字段大小	输入掩码	是否主键
序号	自动编号	长整型	—	是
书号	文本	50	—	—
书名	文本	50	—	—
作者	文本	20	—	—
出版社	文本	50	—	—
购买日期	日期/时间	—	—	—
定价	货币	—	—	—

续表

字段名称	数据类型	字段大小	输入掩码	是否主键
图书类别	文本	8	—	—
介质	文本	8	—	—
内容简介	备注	—	—	—
摆放位置	文本	5	A-999	—

表 2-1-2　"介质类型"表结构

字段名称	数据类型	字段大小	是否主键
介质	文本	8	无

表 2-1-3　"类别名称"表结构

字段名称	数据类型	字段大小	是否主键
类别名称	文本	8	无

表 2-1-4　"图书基本信息"表记录

序号	书号	书名	作者	出版社	购买日期	定价	图书类别	介质	内容简介	摆放位置
1	ISBN 978-7-04-030249-3	大学计算机实验指导与习题集	宋绍成	高等教育出版社	2010-9-1	￥21.00	计算机	光盘	本书根据教育部高等学校计算机基础……	A001
2	ISBN 978-7-113-08083-9	VB 程序设计	高占国	中国铁道出版社	2007-9-7	￥30.00	计算机	硬盘	—	A002
3	ISBN 978-7-307-08166-6	多媒体技术应用	王海燕	武汉大学出版社	2010-11-1	￥29.00	多媒体	纸质	—	B182

2. 确立表间关系

本系统中未设表间关系。

三、数据库管理系统实现

1. 创建数据库

具体操作步骤如下。

1）启动 Access 2010 应用程序，单击"文件"选项卡中的"新建"按钮，再单击"空数据库"按钮。

2）在右侧"文件名"文本框中输入文件名，并单击"文件名"文本框后面的文件夹图标，在打开的"文件新建数据库"对话框中设置数据库的存储位置及数据库保存类型。本例命名为"个人图书馆",单击"创建"按钮,即可创建一个新的数据库,如图 2-1-1 所示。

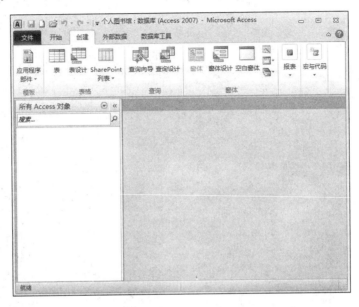

图 2-1-1   "个人图书馆"数据库

2. 创建数据表

图书信息有很多,本例仅仅是一个演示,因此本例创建的图书基本信息数据表只设置了序号、书号、书名、作者、出版社、购买日期、定价、图书类别、介质、内容简介和摆放位置几个字段。

具体操作步骤如下。

1)单击"创建"选项卡"表格"组中的"表设计"按钮,打开表设计视图窗口,在"字段名称"的单元格中输入字段名称,单击其右侧的"数据类型"下拉按钮,在弹出的下拉列表中为每个字段设置一种数据类型。本例中,"序号"字段选择"自动编号"数据类型,"购买日期"字段选择"日期/时间"数据类型,"定价"字段选择"货币"数据类型,"内容简介"字段选择"备注"数据类型,其他字段都选择"文本"数据类型。可以在窗口下面的"字段属性"窗格中对数据类型进行具体的设置,如图 2-1-2 所示。

2)设置好所有字段及数据类型后,数据表框架就完成了。建议每个数据表都要设置一个主键字段,这样才能定义与数据库中其他表间的关系。按【Ctrl+S】组合键保存此表,第一次保存数据表时将会打开"另存为"对话框,在对话框中的"表名称"文本框中输入数据表名称(本例为"图书基本信息"),单击"确定"按钮即可。

3)关闭设计视图窗口,会在导航窗格看到刚保存的"图书基本信息"表,双击此表进入其数据表视图窗口,即可往数据表中添加数据。数据输入方法与在 Excel 软件中的输入方法相似，单击单元格即可输入，按【Tab】键或【Enter】键可快速进入下一个单元格中，按上、下、左、右箭头键也可快速在不同单元格中切换。

图 2-1-2　"图书基本信息"表结构

"序号"字段选择的是"自动编号"数据类型，这里不用手动输入，软件会自动按顺序填写数字；"购买日期"字段选择的是"日期/时间"数据类型，如输入"10/09/01"或"10-09-01"，都会自动转换成"2010/9/1 星期三"；"定价"字段选择的是"货币"数据类型，输入数字后按【Enter】键，数据前会自动加上符号"¥"，如图 2-1-3 所示。

图 2-1-3　"图书基本信息"表记录

注意：文本与备注类型，都是用来保存字符信息的，不过文本类型字段最多能保存255 个字符，而 Access 2010 备注类型字段最多能保存 64 000 个字符，用户可根据实际需求设置字段属性。

图书的类别，可根据自己的实际情况划分，如将自己的图书大致归为多媒体、计算机、历史、旅游、外语、文学、艺术、饮食、娱乐和哲学共 10 大类。对于这些项目有限的数据，可以将其制作成数据列表。

4）创建一个新的数据表，命名为"类别名称"，只设置一个字段：类别名称。保存时会提示用户设置主键，单击"否"按钮，不进行设置。关闭设计视图，在导航窗格中双击打开该数据表，输入"多媒体""计算机""历史""旅游""外语""文学""艺术""饮食""娱乐""哲学"10 条记录。

5）在导航窗格中选择"图书基本信息"表，进入其设计视图窗口。单击"图书类别"字段，在下面的"字段属性"窗格中选择"查阅"选项卡，在"显示控件"下拉列表中选择"组合框"选项，将"行来源类型"设置为"表/查询"，并在"行来源"下拉列表中选择"类别名称"表。

6）按【Ctrl+S】组合键保存设置，然后打开该表的数据表视图窗口，单击"图书类别"字段，会显示一个下拉按钮，单击此下拉按钮，在弹出的下拉列表中选择相应的图书类型即可，如图 2-1-4 所示。用同样方法还可以为其他字段设置下拉列表，如创建一个名为"介质类型"的新表，介质可设置为"硬盘""光盘""纸质"3 项，再按上面的方法把它与"图书基本信息"表中的"介质"字段绑定即可。最终"图书基本信息表"中的记录如表 2-1-4 所示。

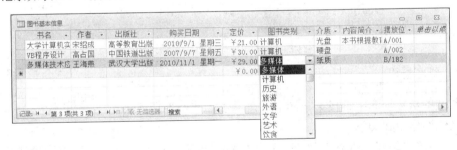

图 2-1-4　通过字段的查阅功能实现从其他表中获取数据

3. 创建窗体

当需要输入的数据量很大时，在表格中输入数据既不方便也容易出错。这时可借助 Access 2010 的窗体功能，使数据输入更为直观、方便。

具体操作步骤如下。

1）单击"创建"选项卡"窗体"组中的"窗体向导"按钮，打开"窗口向导"对话框。在"表/查询"下拉列表中选择"表：图书基本信息"选项，然后将其"可用字段"列表框中的所有字段添加到"选定字段"列表框中。

2）单击"下一步"按钮，在打开的对话框中设置窗体的布局，这里选择"纵栏表"布局。单击"下一步"按钮，在打开的对话框中为窗体指定一个标题，这里用默认的"图书基本信息"即可。最后单击"完成"按钮，结束窗体的创建。

默认情况下创建完成后窗体会自动打开，即可输入数据，也可以在导航窗格中双击打开该窗体，如图 2-1-5 所示，在这样的界面中输入数据很方便。按【Tab】键，【Enter】键，上、下、左、右箭头键可以在各个输入框中快速切换。输入完一条记录后，会自动进入下一条记录，也可以通过它下面的多个导航按钮在所有的图书记录中进行浏览、修改。

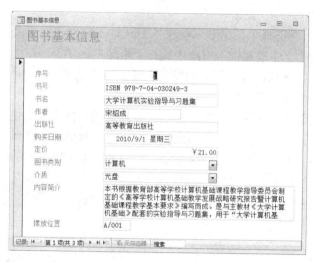

图 2-1-5　"图书基本信息"窗体视图

4. 创建查询

若准备从数据库中查找某一图书，可通过"查询"功能来实现。

具体操作步骤如下。

1）单击"创建"选项卡"查询"组中的"查询设计"按钮，打开查询设计视图和"显示表"对话框。选择"图书基本信息"表并单击"添加"按钮，将其加到查询设计视图中，最后单击"关闭"按钮关闭"显示表"对话框

2）如图 2-1-6 所示，在"表"行下拉列表中选择"图书基本信息"表，然后在其上的"字段"行下拉列表中选择"书名"字段，并选中"显示"行的复选框，表示这个字段在最终的查询结果中将显示出来。以同样的方法添加其他想要显示的字段，最后在"图书类别"字段的"显示"行中取消选中复选项（最终查询结果将不显示该字段），并在"条件"行输入"计算机"（加英文双引号），表示筛选出该字段值为"计算机"的所有记录。

3）按【Ctrl+S】组合键保存，在打开的"另存为"对话框中输入查询名称（如"计算机类图书"），单击"确定"按钮。然后关闭查询设计视图窗口，双击导航窗格中的"计算机类图书"查询，打开它后发现数据库中图书类别为"计算机"的图书记录都显示在其中，并且每个记录只显示出用户想要显示的那些字段。

图 2-1-6 "计算机类图书"查询

以后用户在数据表中追加更多的记录时，双击"计算机类图书"查询，即可找出所有计算机类别的图书。当然，此查询只是对数据表中的数据进行重组而已，它本身并不会改变数据表中的数据。

如果用户觉得查询结果显示不够美观，可以用窗体的形式来显示结果。

作为一个简单的入门实例，本例还有其他一些实用功能没有介绍，如打印报表、生成网页数据库及使用 VBA 编程等。同学们可以自己动手尝试。

四、数据库管理系统测试

略。

实例二　诊所患者信息管理系统

一、数据库管理系统分析

作为一个应用型实例，患者信息管理系统适用于个体诊所、社区服务站等中小医疗机构。目前包含了患者信息和病志信息两部分。

患者信息包括患者姓名、性别、年龄、联系电话、家庭住址等个人信息。

病志信息包括患者具体症状、体格检查、用药情况等在本机构的治疗情况。

二、数据库管理系统设计

1. 创建数据库文件及数据表

创建"患者信息数据库"，按照表 2-2-1～表 2-2-4 建立"患者信息表"、"农合补助"、"病志"和"性别"4 个数据库表。

表 2-2-1　"患者信息表"表结构

字段名称	数据类型	字段大小	标题	输入掩码	是否主键
pno	文本	6	患者编号	000000	是
pname	文本	8	患者姓名	—	—
psex	文本	1	性别		
pbirth	日期/时间	—	出生日期		
农合	是/否	—	—		
paddrs	文本	50	家庭住址		
phonenum	文本	13	联系方式	0000000000000	
联系方式二	文本	50	—	—	—
过敏史	备注	—	—		
既往病史	备注	—	—		

表 2-2-2　"农合补助"表结构

字段名称	数据类型	字段大小	标题	输入掩码	是否主键
pno	文本	6	患者编号	000000	是
补助年月	日期/时间	—	—	—	是
医药费总额	货币	—	—		—
参补助金额	日期/时间	—	—		
补助金额	是/否	—	—		

表 2-2-3　"病志"表结构

字段名称	数据类型	字段大小	标题	输入掩码	是否主键
pno	文本	6	患者编号	000000	是
就诊日期	日期/时间	—	—	—	是
具体症状	备注	—	—	—	—
体格检查	备注	—	—	—	—
用药情况	备注	—	—	—	—

表 2-2-4　"性别"表结构

字段名称	数据类型	字段大小	标题	输入掩码	是否主键
sex	文本	1	性别	—	是

2. 确立表间关系

数据表之间的关系如图 2-2-1 所示。

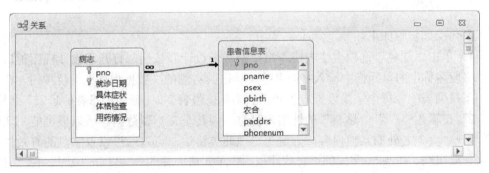

图 2-2-1　数据表间关系

三、数据库管理系统实现

1. 创建数据库

具体操作步骤如下。

1）启动 Access 2010 应用程序，单击"文件"选项卡中的"新建"按钮，再单击"空数据库"按钮。

2）在右侧"文件名"文本框中输入文件名，并单击"文件名"文本框后面的文件夹图标，在打开的"文件新建数据库"对话框中设置数据库的存储位置及数据库保存类型。本例命名为"患者信息数据库"，单击"创建"按钮，即可创建一个新的数据库，如图 2-2-2 所示。

图 2-2-2　患者信息数据库

2. 创建数据表

具体操作步骤如下。

1）单击"创建"选项卡"表格"组中的"表设计"按钮，打开表设计视图窗口，在"字段名称"的单元格中输入字段名称，单击其右侧的"数据类型"下拉按钮，在弹出的下拉列表中为每个字段设置一种数据类型。按照表 2-2-1 确定"患者信息表"结构。

2）在输入"患者信息表"的性别内容时，因其是文本型数据，所以很可能出现除"男"或"女"之外的其他内容。为避免出现此类错误，可以通过设置字段的有效性规则来加以限制。在 psex 字段的"有效性规则"单元格中输入""男" Or "女""，在"有效性文本"单元格中输入"输入数据无效，请输入'男'或'女'"，如图 2-2-3 所示。

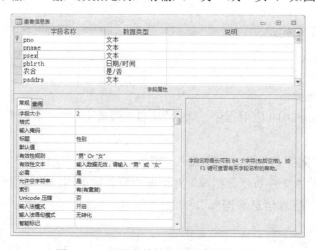

图 2-2-3　设置有效性规则及有效性文本

3）按【Ctrl+S】组合键对数据表进行保存，在打开的"另存为"对话框中输入数据表名称（本例为"患者信息表"），然后单击"确定"按钮即可。

"农合补助"表、"病志"表、"性别"表 3 个数据库表的结构按照表 2-2-2～表 2-2-4 的要求设计即可。

设置好所有字段及数据类型后，数据表框架就完成了。建议每个数据表都要设置一个主键字段，这样才能定义与数据库中其他表间的关系。

在设计视图模式下，单击"患者信息表"中的 pno 字段所在的单元格，然后单击"表格工具-设计"选项卡"工具"组中的"主键"按钮，即可把此字段设置为主键。

设置表间关系如图 2-2-1 所示。

若不使用"有效性规则"来约束记录的输入，也可以通过设置字段的"查阅"功能，实现从其他表中获取数据的功能，输入时，只需用鼠标指针选择表中的某项记录即可。

4）打开"患者信息表"的设计视图窗口，如图 2-2-4 所示。单击该表中的 psex 字段，在下面的"字段属性"窗格中选择"查阅"选项卡，在"显示控件"下拉列表中选择"组合框"选项，将"行来源类型"设置为"表/查询"，并在"行来源"下拉列表中选择 "性别"表。

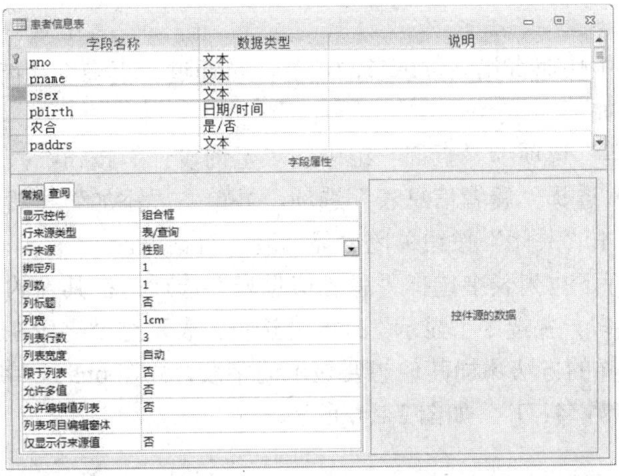

图 2-2-4 通过字段的查阅功能实现从其他表中获取数据

5）按【Ctrl+S】组合键保存设置，然后打开该表的数据表视图窗口，单击 psex 字段，会显示一个下拉按钮，单击此下拉按钮，在弹出的下拉列表中选择"男"或"女"即可。

6）关闭设计视图窗口，会在导航窗格看到刚才保存的"患者信息表"，双击打开此表进入其数据表视图窗口，即可往数据表中添加数据。数据输入方法与在 Excel 软件中的输入方法相似，单击某单元格即可输入，按【Tab】键或【Enter】键可快速进入下一个单元格中，按上、下、左、右箭头键也可快速在不同单元格中切换。

“患者信息表”的数据表视图如图 2-2-5 所示。

患者编号	患者姓	性别	出生日期	农合	家庭住址	联系方式	过敏史	联系	既往病史
000001	李亚茹	女	1952/1/1 星期二	☐	龙潭乡(镇)龙城村二	04326303××××	无		高血压, 白血
000002	李俊男	男	2006/1/1 星期日	☐	龙潭乡(镇)龙城村二	04326303××××	无		无
000003	云晓辉	女	1982/1/1 星期五	☐	龙潭乡(镇)龙城村二	04326303××××			
000004	李德成	男	1944/1/1 星期六	☑	龙潭乡(镇)龙城村二	1384324××××			风湿症
000005	马春英	女	1945/1/1 星期一	☑	龙潭乡(镇)龙城村二				脑血栓后遗症
000006	李洪文	男	1971/1/1 星期五	☐	龙潭乡(镇)龙城村二		无		无
000007	韩桂芬	女	1970/9/30 星期三	☑	龙潭乡(镇)龙城村二		无		无
000008	李炎峰	男	1992/1/28 星期二	☑	龙潭乡(镇)龙城村二		无		无
000009	李金姝	女	2006/4/18 星期二	☐	龙潭乡(镇)龙城村二		无		无
000010	李敏	男	1950/4/12 星期三	☐	龙潭乡（镇）龙城村	1301925××××	无		胃溃疡（手术
000011	附凤芹	女	1951/7/21 星期六	☑	龙潭乡（镇）龙城村				胃炎
000012	李云鹏	男	1974/8/31 星期六	☑	龙潭乡（镇）龙城村				慢性结肠炎
000013	李文晶	女	2002/12/8 星期日	☐	龙潭乡（镇）龙城村				
000014	李莉	女	1976/9/11 星期六	☑	龙潭乡（镇）龙城村				慢性结肠炎
000015	孙博	女	2000/6/14 星期三	☐	龙潭乡（镇）龙城村				
000016	柳军	男	1944/3/16 星期四	☑	龙潭乡（镇）龙城村	13620755××××			
000017	王永珍	女	1953/1/26 星期一	☑	龙潭乡（镇）龙城村				慢性支气管炎
000018	杨宏军	男	1977/10/23 星期日	☐	龙潭乡（镇）龙城村				
000019	杨宏伟	男	1975/2/9 星期日	☐	龙潭乡（镇）龙城村				慢性胰腺炎，

记录: 第 1 项(共 19 项 无筛选器 搜索

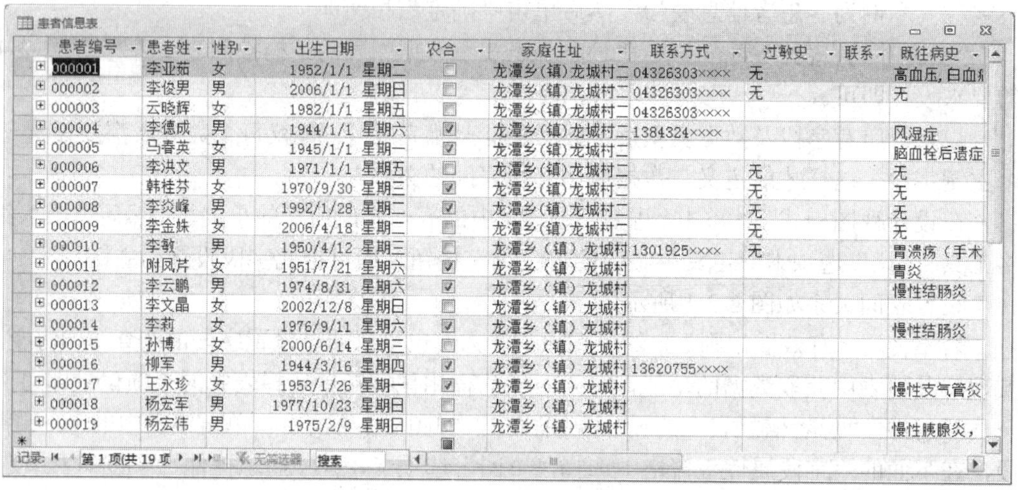

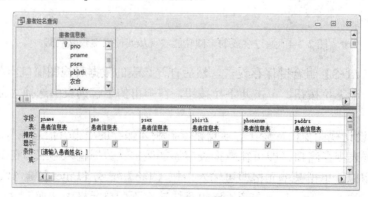

图 2-2-5 “患者信息表”的数据表视图

3. 创建查询

若想从数据库中快速查找某位患者的信息，可通过“查询”功能实现。

具体操作步骤如下。

1）单击“创建”选项卡“查询”组中的“查询设计”按钮，打开查询设计视图和“显示表”对话框。选择“患者信息表”选项，并单击“添加”按钮，将其加到查询设计视图中，然后单击“关闭”按钮关闭“显示表”对话框。

2）在“表”行下拉列表中选择“患者信息表”选项，在其上的“字段”行下拉列表中选择 pname 字段，并选中“显示”行的复选框，表示这个字段在最终的查询结果中将显示出来。以同样的方法添加其他想要显示的字段，并在 pname 字段列的“条件”行输入“[请输入患者姓名：]”，如图 2-2-6 所示。

图 2-2-6 患者姓名查询

3）按【Ctrl+S】组合键保存，在打开的"另存为"对话框中输入查询名称（如"患者姓名查询"），单击"确定"按钮。然后关闭查询设计视图窗口，双击导航窗格中的"患者姓名查询"，打开"输入参数值"对话框，若输入"云晓辉"，单击"确定"按钮，则数据库中姓名为"云晓辉"的患者记录就显示出来，如图 2-2-7 所示。

若想以"编号"或"性别"等为条件进行查询，可以按照上述方法逐次进行。

图 2-2-7　执行患者姓名查询

4. 创建窗体

实际上，表或查询的界面还不够美观，也不适合在数据量很大时使用，因为在表格形式下输入数据既不方便，也容易出错。这时可借助 Access 2010 的窗体功能实现。

具体操作步骤如下。

1）单击"创建"选项卡"窗体"组中的"窗体向导"按钮，打开"窗体向导"对话框。在"表/查询"下拉列表中选择"表：患者信息表"选项，然后将其"可用字段"列表框中的所有字段添加到"选定字段"列表框中。

2）单击"下一步"按钮，在打开的对话框中设置窗体的布局方式，本例选择"纵栏表"布局。单击"下一步"按钮，在打开的对话框中为窗体指定一个标题，这里用默认的"患者信息表"即可。最后单击"完成"按钮，结束窗体的创建，如图 2-2-8 所示。

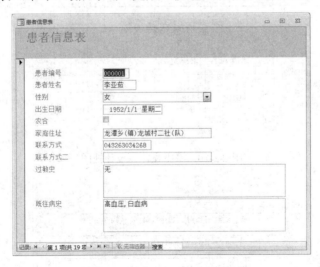

图 2-2-8　"患者信息表"窗体视图

3）默认情况下，窗体创建完成后会自动打开，即可输入数据。若要使该窗体更加完善，可打开该窗体的设计视图，在"患者信息表"窗体中插入"病志""保存""删除记录""添加记录"4 个按钮，并调整其大小、位置，如图 2-2-9 所示。

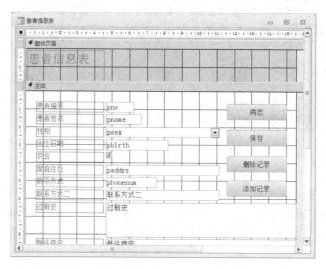

图 2-2-9　使用设计视图编辑"患者信息表"

如图 2-2-10～图 2-2-12 所示，按照本系统的功能需要，依次建立"主窗体""患者姓名查询""新建病志"3 个窗体。

图 2-2-10　"主窗体"设计视图

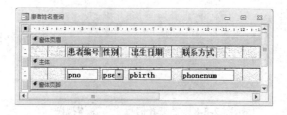

图 2-2-11　"患者姓名查询"窗体设计视图

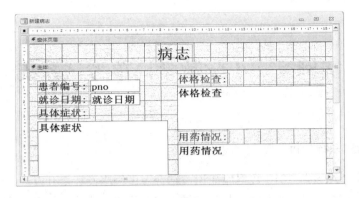

图 2-2-12 "新建病志"窗体设计视图

为窗体中的所有命令按钮添加事件代码，以图 2-2-10 中的"确定"按钮为例，其事件代码如图 2-2-13 所示。

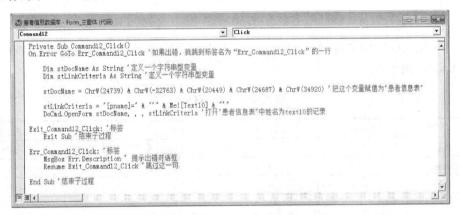

图 2-2-13 "确定"按钮的事件代码

其余按钮的代码省略。

请在此基础上继续尝试扩展该软件，使其具有如下功能。

1）快速记录患者姓名、性别、年龄、联系电话和家庭住址等个人信息。

2）记录患者治疗情况，包括患者自述、病史、检查情况、治疗情况和用药情况等。

3）根据患者每次的治疗情况，记录患者的用药情况，记录药品价格及患者是否付款。

4）设置本机构收费项目及价格，提升本机构的规范治疗形象。

5）增加体检一项，并可打印体检报告单。

6）通过报表功能打印患者电子病历。

四、数据库管理系统测试

略。

实例三　小学数学简单考试系统

一、数据库应用系统分析

应用所学的 Access 2010 数据库知识，结合 VB 程序设计，开发一款针对小学生数学课程的简单考试系统。本系统包括填空题和选择题两种题型。两种题型都支持选题、标准答案提示及正误评判功能。

二、数据库应用系统设计

1. 创建数据库文件及数据表

利用 Access 2010 创建 test.mdb 数据库，按照表 2-3-1 和表 2-3-2 所示的表结构建立 test、choose 两个数据库表。

表 2-3-1　test 表结构

字段名称	数据类型	字段大小	标题	输入掩码	是否主键
no	数字	—	序号	—	是
theme	文本	80	题干	—	—
result	文本	80	正确答案	—	—

表 2-3-2　choose 表结构

字段名称	数据类型	字段大小	标题	输入掩码	是否主键
no	数字	—	序号	—	是
theme	文本	80	题干	—	—
re1	文本	80	选择 1	—	—
re2	文本	80	选择 2	—	—
result	文本	80	正确答案	—	—

2. 确立表间关系

本系统中未设置表间关系。

3. VB 界面设计

VB 应用程序中包括"考试题型选择"窗体、"填空题考试界面"窗体、"选择题考试界面"窗体 3 个界面，各个窗体及控件属性如表 2-3-3～表 2-3-5 所示。

表 2-3-3　"考试题型选择"窗体及控件属性

控件名	控件属性	属性值
Form1	Caption	考试题型选择
Frame1	Caption	考试题型选择对话框
Command1	Caption	填空题
Command2	Caption	选择题

表 2-3-4　"填空题考试界面"窗体及控件属性

控件名	控件属性	属性值
Form2	Caption	填空题考试界面
Label1	Caption	这是第
Label2	Caption	题
Label3	Caption	请填入题号：
Text1	Text	—
Text4	Text	—
Command1	Caption	提交
Command2	Caption	答案
Command3	Caption	Go
Frame1	Caption	题目
Label4	Caption	题目内容：
Label5	Caption	请填入答案：
Text2	Text	—
Text3	Text	—

表 2-3-5　"选择题考试界面"窗体及控件属性

控件名	控件属性	属性值
Form3	Caption	选择题考试界面
Label1	Caption	这是第
Label2	Caption	题
Label3	Caption	请填入题号：
Text1	Text	—
Text5	Text	—
Command3	Caption	Go
Frame2	Caption	题目：
Label4	Caption	题目内容：
Label5	Caption	A：

续表

控件名	控件属性	属性值
Label6	Caption	B:
Text2	Text	—
Text3	Text	—
Text4	Text	—
Frame1	Caption	请选择答案:
Option1	Caption	A
Option2	Caption	B
Command1	Caption	提交
Command2	Caption	答案

4. VB 代码编辑

见"三、数据库应用系统实现"中的内容。

三、数据库应用系统实现

1. 创建数据库

具体操作步骤如下。

1）启动 Access 2010 应用程序，单击"文件"选项卡中的"新建"按钮，再单击"空数据库"按钮。

2）在右侧"文件名"文本框中输入文件名，并单击"文件名"文本框后面的文件夹图标，在打开的"文件新建数据库"对话框中设置数据库的存储位置及数据库保存类型。本例命名为 test，单击"创建"按钮，即可创建一个新的数据库。

3）单击"创建"选项卡"表格"组中的"表设计"按钮，打开表设计视图窗口，按照表 2-3-1 和表 2-3-2 建立 test、choose 两个数据库表，并按图 2-3-1 和图 2-3-2 所示的内容依次输入两个表中的记录。

2. 设计 VB 6.0 程序

具体操作步骤如下。

1）建立"小学数学简单考试系统"工程文件，进入 VB 6.0 系统，执行"工程另存为"命令，将文件名设置为"小学数学简单考试系统.vbp"即可。

2）新建"考试题型选择"窗体，在"工程资源管理器"中添加窗体 Form1，在窗体上中添加 1 个框架控件，并在框架内部添加 2 个命令按钮。窗体及控件属性的具体设置按如表 2-3-3 所示，该窗体的运行效果如图 2-3-3 所示。

3）新建"填空题考试界面"窗体，在"工程资源管理器"中添加窗体 Form2，在窗体上添加 3 个标签、2 个文本框、3 个命令按钮和 1 个框架控件，并在框架中添加 2

个文本框和 2 个标签。窗体及控件属性的具体设置如表 2-3-4 所示，该窗体的运行效果如图 2-3-4 所示。

序号	题干	正确答案	单击以
1	相邻的两个自然数	互质	
2	如果两个数是互质数，它们的最大公约数就是	1	
3	不能被2整除的数叫做	奇数	
4	一个数，如果只有1和它本身两个约数，这样的数叫做质	素数	
5	把一个合数用质因数相乘的形式表示出来，叫做	分解质因数	
6	两个数相乘，交换因数的位置它们的积不变	乘法交换律	
7	把异分母分数分别化成和原来分数相等的同分母分数，叫	通分	
8	小数点左边的数叫做	整数部分	
9	把一个分数化成同它相等但是分子、分母都比较小的分数	约分	
10	计数单位按照一定的顺序排列起来，它们所占的位置叫	数位	
11	如果两个数是互质数，那么这两个数的积就是它们的	最小公倍数	
12	如果较小数是较大数的约数，那么较小数就是这两个数的	最大公约数	
13	小数部分的数位是无限的小数，叫做	无限小数	
14	把单位"1"平均分成若干份，表示这样的一份或者几份	分数	
15	能被2整除的数叫做	偶数	
16	在小数里，每相邻两个计数单位之间的进率都是	10	
17	在分数里，中间的横线叫做分数线；分数线下面的数，	分母	
18	我们在数物体的时候，用来表示物体个数的0，1，2，3…	自然数	
19	小数点右边的数叫做	小数部分	
20	两个数相加，交换加数的位置，它们的和不变叫做	加法交换律	
*	0		

图 2-3-1　test 表记录

序号	题干	选择1	选择2	正确答案
1	长度单位换算	1千米=1000米	1米=10厘米	1千米=1000米
2	一个数的末两位数能被4（或25）	500	106	500
3	100以内的质数有	9	27	3
4	一个循环小数的小数部分，依次	循环节	循环结	循环节
5	12的约数有	4	13	4
6	体积单位换算	1立方米=10000立方	1立方分米=1升	1立方分米=1升
7	一个数的倍数的个数是	无限的	本身	无限的
8	长度单位换算	1米=10分米	1分米=100厘米	1米=10分米
9	利润与折扣问题	涨跌金额=本金×涨	利息=本金×利率×	利息=本金×利率×
10	利润与折扣问题	利润率=售出价-成本	利润率=利润÷成本	利润=售出价-成本
11	两个数相乘，交换因数的位置它们	加法交换律	乘法交换律	乘法交换律
12	一个数的倍数的个数是	无限的	最小的倍数不是它本	无限的
13	如果两个数是互质数，那么这两	最大公约数	最小公倍数	最小公倍数
14	一个小数部分，数字排列无规律，	循环小数	无限不循环小数	无限不循环小数
15	两个数相加，交换加数的位置，它	加法交换律	乘法交换律	加法交换律
16	重量单位换算	1吨=1000　千克	1千克=0.5公斤	1吨=1000 千克
17	自然数中 一个物体也没有，用0	0不是自然数	0是自然数	0是自然数
18	循环节从小数部分第一位开始的，	纯循环小数	混循环小数	纯循环小数
19	如果除了1和它本身还有别的约数	合数	和数	合数
20	把一个合数用质因数相乘的形式	分解质因数	因式分解	分解质因数

图 2-3-2　choose 表记录

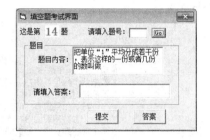

图 2-3-3　"考试题型选择"窗体运行效果　　　图 2-3-4　"填空题考试界面"窗体运行效果

4）新建"选择题考试界面"窗体，在"工程资源管理器"中添加窗体 Form3，在窗体上添加 3 个标签、2 个框架、2 个文本框和 3 个命令按钮控件，并在上部框架内添加 3 个标签控件和 3 个文本框控件，下部框架内添加 2 个单选按钮控件。窗体及控件属性的具体设置如表 2-3-5 所示，该窗体的运行效果如表 2-3-5 所示。

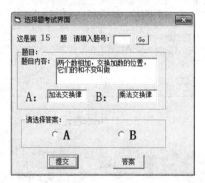

图 2-3-5　"选择题考试界面"窗体运行效果

5）添加"标准模块"。在"工程资源管理器"中添加标准模块 Module1.bas，输入的代码如图 2-3-6 所示。

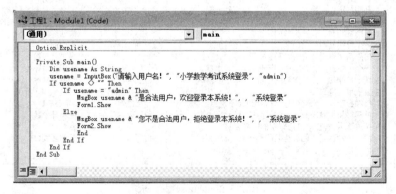

图 2-3-6　标准模块代码

6）VB 代码设置。"考试题型选择"窗体的代码如图 2-3-7 所示。

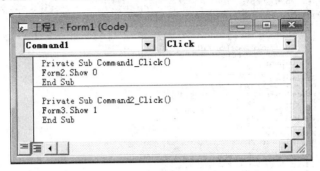

图 2-3-7　"考试题型选择"窗体代码

"填空题考试界面"窗体的部分代码如图 2-3-8 和图 2-3-9 所示。

"选择题考试界面"窗体的部分代码如图 2-3-10 和图 2-3-11 所示。

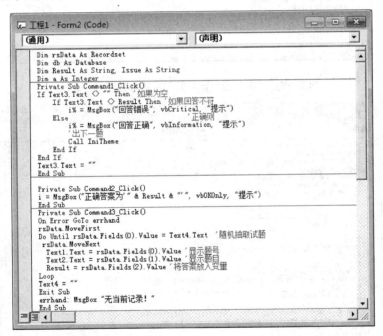

图 2-3-8　"填空题考试界面"窗体部分代码（1）

图 2-3-9　"填空题考试界面"窗体部分代码（2）

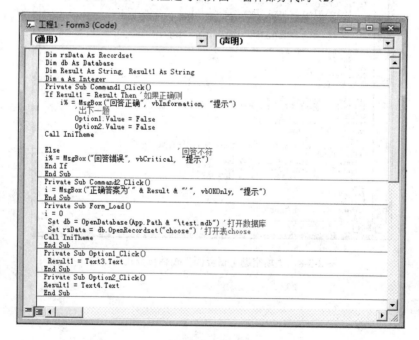

图 2-3-10　"选择题考试界面"窗体部分代码（1）

```
工程1 - Form3 (Code)
(通用)                                              (声明)

Sub IniTheme()
On Error Resume Next
 rsData.MoveFirst '将数据指针指向数据库首位
Randomize '初始化随机数种子
'产生随机数,可以改进为产生不重复的随机数
a = Int((20 - 1 + 1) * Rnd + 1)
Do Until rsData.Fields(0).Value = a '随机抽取试题
 rsData.MoveNext
  Text1.Text = rsData.Fields(0).Value '显示题号
  Text2.Text = rsData.Fields(1).Value '显示题目
  Text3.Text = rsData.Fields(2).Value
  Text4.Text = rsData.Fields(3).Value
  Result = rsData.Fields(4).Value '将答案放入变量
Loop
End Sub
Private Sub Command3_Click()
On Error GoTo errhand
rsData.MoveFirst
Do Until rsData.Fields(0).Value = Text5.Text '随机抽取试题
 rsData.MoveNext
  Text1.Text = rsData.Fields(0).Value '显示题号
  Text2.Text = rsData.Fields(1).Value '显示题目
  Text3.Text = rsData.Fields(2).Value
  Text4.Text = rsData.Fields(3).Value
  Result = rsData.Fields(4).Value '将答案放入变量
Loop
Text5 = ""
Exit Sub
errhand: MsgBox "无当前记录!"
End Sub
```

图 2-3-11　"选择题考试界面窗体"部分代码（2）

7）设置启动窗体。选择"工程"→"工程属性"选项，在打开的"工程属性"对话框中将"启动对象"设置为 Sub Main。

四、数据库应用系统测试

略。

五、数据库应用系统打包

略。

附录 部分习题答案

实 验 一

1. 选择题

1）B	2）A	3）A	4）A	5）C
6）A	7）B	8）B	9）C	10）D
11）A	12）D	13）D	14）B	15）C
16）D	17）D	18）C	19）A	20）A
21）A	22）C	23）D	24）C	25）C
26）D	27）C	28）B	29）D	30）B

2. 填空题

1）Microsoft Office

2）数据库

3）表 查询 窗体 报表 宏 模块

4）查询

5）关系结构

6）表 关系结构

7）不可再分的

8）关系 属性 记录

9）属性值不可再分

10）一对一 一对多 多对多

11）抽象 具体实例

12）数据表 设计

13）输入掩码

14）关系

15）日期/时间 8

3. 简答题

略。

实 验 二

1. 选择题

1）C 　　2）D 　　3）D 　　4）B 　　5）B
6）B 　　7）C 　　8）D 　　9）A 　　10）D
11）B 　　12）D

2. 填空题

1）表关系
2）主键
3）导入
4）Ctrl
5）排列顺序

实 验 三

1. 选择题

1）B 　　2）D 　　3）D 　　4）A

2. 填空题

1）添加新记录　修改记录　删除记录　筛选　排序
2）数据表
3）记录　条件
4）高级筛选/排序

实 验 四

1. 选择题

1）A 　　2）C 　　3）A 　　4）A 　　5）B

6）D	7）A	8）C	9）C	10）C
11）C	12）A	13）B	14）B	15）D
16）A	17）C	18）C	19）B	20）C
21）A	22）B	23）D	24）A	25）D
26）D	27）B	28）D	29）C	30）D

2. 填空题

1）选择查询　计算查询　参数查询　操作查询　SQL 查询

2）联合查询　传递查询　数据定义查询　子查询

3）准则

4）指定条件　表或其他查询

5）联合

6）记录源

7）行标题　列标题

8）相同行　不同行

9）减少网络负荷

10）Group By

11）Avg(库存量*单价)Between 500 And 1000

12）5　50%

13）预定义计算　自定义计算

14）数据表

15）Avg(列名)　[列名]*0.5

16）① Like"m*"

② Like"*m"

③ Like"*m*"

④ Like" [F-H]* "

⑤ Like"?m*"

17）[雇员].[雇员姓名]

18）计算字段

19）交叉表查询向导　设计视图

20）参数

21）Date( )-[借出书籍]![应还日期]

22）更新查询

23）准则

24）在一次查询操作中对所有结果进行编辑

25）关系运算符　逻辑运算符　特殊运算符

26）半角的双引号

27）Null 空白

28）Year([出生日期])=1987

29）预定义

30）计算字段

3. 简答题

略。

实 验 五

1. 选择题

1）D	2）B	3）D	4）C	5）B
6）D	7）D	8）D	9）D	10）D
11）B	12）A	13）A	14）D	15）B
16）B	17）A	18）C	19）D	20）C
21）C	22）C	23）C	24）B	25）D

2. 填空题

1）表 查询 SQL 语句

2）联接方式

3）多选项卡

4）输入数据值

5）节

6）打印的窗体

7）选项卡 分页符

8）窗体设计

9）数据表

10）自动套用格式

11）特殊效果

12）字段名称 字段内容

13）可视化模型

14）子窗体/子报表

15）纵栏 数据表 表格

16）编辑 显示

17）工具箱 字段列表

18）显示

19）修改

20）计算型控件

21）子窗体/子报表

22）数据　格式

23）页眉　页脚

24）控件

25）绑定型控件

26）设计视图

27）单选　复选框

3. 简答题

略。

实 验 六

1. 选择题

1）C	2）D	3）D	4）A	5）A
6）B	7）B	8）B	9）D	10）B
11）C	12）B	13）C	14）A	15）C
16）B	17）D	18）C	19）C	20）B
21）A	22）D	23）B	24）A	25）B
26）B	27）A			

2. 填空题

1）设计视图　打印预览　布局视图　报表视图

2）记录　分组

3）页面设置

4）表　查询

5）主体

6）分组　计算　汇总

7）编辑修改

8）10

9）两

10）分组

11）报表

12）=

13）报表页眉

14）设计视图

15）页眉　页脚

3. 简答题

略。

实　验　七

1. 选择题

1）C	2）D	3）D	4）D	5）C
6）C	7）A	8）A	9）C	10）A
11）C	12）A	13）A	14）A	15）A
16）A	17）B	18）A	19）B	20）B
21）C	22）B	23）A	24）C	25）A
26）C	27）C	28）B	29）A	30）B

2. 填空题

1）OpenTable

2）FindNextRecord

3）RunMacro

4）OpenQuery

5）宏组

6）TransferSpreadsheet

7）MoveAndSizeWindow

8）Restore

9）另存为模板

10）SetValue

11）Beep

12）Rename

13）宏组名.宏名

14）GotoRecord

15）一个　多个

16）自动

17）宏的设计环境

18）一个宏　一个宏组

19）命名

20）宏名

21）条件宏

22）模块

23）宏

24）VBA 事件

25）另存为　保存类型

26）宏

27）Autoexec

28）If

29）真　假

30）宏组的名称

3. 简答题

略。

实　验　八

1. 选择题

1）D	2）B	3）A	4）A	5）B
6）A	7）B	8）B	9）A	10）B
11）B	12）C	13）A	14）C	15）B
16）A	17）C	18）C	19）B	20）C
21）C	22）C	23）D	24）C	25）B
26）C	27）D	28）C	29）D	30）C

2. 填空题

1）选择结构　循环结构

2）数组

3）VBE

4）设置断点　单步跟踪　设置监视窗口

5）&　+

6）全局 模块 局部

7）全局

8）IIf

9）Call

10）生命周期 作用范围

11）按分类序

12）Public

13）类模块 标准模块

14）函数过程 子过程

15）Private

16）按值

17）事件

18）分支 循环

19）显式

20）1

21）0

22）全局

23）F9

24）DAO ADO

25）过程

26）Sub

27）Function 过程

28）变量

29）VBA

3. 简答题

略。

参 考 文 献

方洁，胡征，2014. 数据库原理及应用：Access 2010[M]. 北京：中国铁道出版社.

吕英华，2014. Access 数据库技术及应用[M]. 2 版. 北京：科学出版社.

聂玉峰，张星云，高兴，2014. Access 2010 数据库原理及应用实验指导[M]. 北京：科学出版社.

启明工作室，2006. Access 数据库应用实例完全解析[M]. 北京：人民邮电出版社.

宋绍成，孙艳，2007. Access 数据库程序设计[M]. 北京：中国铁道出版社.

汤观全，2005. Access 应用系统开发教程题解与实验指导[M]. 北京：清华大学出版社.

王樵民，2006. Access 2003 数据库开发典型范例[M]. 北京：人民邮电出版社.

文龙，李东辉，张阳戬，2006. Access 2003 数据库程序设计基础教程与上机指导[M]. 北京：清华大学出版社.

夏玮，李朝晖，2005. Access 数据库应用教程与实训[M]. 北京：科学出版社.

张成叔，2013. Access 数据库程序设计[M]. 4 版. 北京：中国铁道出版社.

张强，2005. 中文 Access 2003 入门与实例教程[M]. 北京：电子工业出版社.

仲巍，许小荣，2006. Access 2002 数据库基础与应用[M]. 北京：海洋出版社.

朱广华，2014. Access 2010 数据库应用技术[M]. 北京：中国铁道出版社.